典藏版／12

数林外传 系列

跟大学名师学中学数学

三角函数

◎单 墫 著

U0221532

中国科学技术大学出版社

内 容 简 介

本书介绍三角函数,共 9 章.前 3 章是基本知识,包括三角函数的定义、性质.第 4~7 章讨论与三角函数有关的几个方面:三角恒等式的证明、三角与几何、三角不等式、三角与分析.第 8 章为例题精选.第 9 章提供了 140 道习题供大家选用,其中主要是基础题,并附有习题解答.

本书适合中学数学教师和三角函数感兴趣的中学生.

图书在版编目(CIP)数据

三角函数/单墫著. —合肥:中国科学技术大学出版社,2016.6
(2024.1 重印)

(数林外传系列:跟大学名师学中学数学)
ISBN 978-7-312-03884-6

Ⅰ.三… Ⅱ.单… Ⅲ.三角函数—青少年读物 Ⅳ.O171-49

中国版本图书馆 CIP 数据核字(2016)第 113969 号

出版	中国科学技术大学出版社
	安徽省合肥市金寨路 96 号,230026
	http://press.ustc.edu.cn
	http://zgkxjsdxcbs.tmall.com
印刷	合肥市宏基印刷有限公司
发行	中国科学技术大学出版社
经销	全国新华书店
开本	880 mm×1230 mm 1/32
印张	7.5
字数	168 千
版次	2016 年 6 月第 1 版
印次	2024 年 1 月第 5 次印刷
定价	32.00 元

前　　言

本书介绍三角函数,共 9 章.

前 3 章是基本知识,包括三角函数的定义、性质.这些内容在通常的课本中均可找到.我们仍用一些篇幅阐述,目的之一是便于查找,也更有利于从未学过三角函数的读者自学.不仅如此,熟悉这部分内容的读者也会发现,我们的处理与课本不尽相同.用不同的视角看待同一内容,往往能有新的收获.

学好数学的一个重要方面,如菲尔兹奖获得者孔涅(Alain Connes)所说,是眼光.要看到数学内容的意义,看到数学与世界(现实的或想象的)的关系,看到数学内容之间的联系.

眼光,也可说成观点、思想.本书内容完全是初等的,其中虽无十分深刻的东西,但仍然可以而且应当用各种观点去看.

三角函数是一种函数,当然要用函数的观点来看它.我们讨论了自变量(角)的度量与推广、自变量范围(定义域)的扩大、函数与自变量之间的对应关系、函数的图像与性质、函数之间的关系等等,还涉及推广与承袭、公理化的思想等等.

　　第 4～7 章讨论与三角函数有关的几个方面：三角恒等式的证明、三角与几何、三角不等式、三角与分析.重点是三角恒等式的证明.

　　第 8 章为例题精选.其中例 3 将有关式子看成正弦定理与余弦定理的联合应用；例 5～例 8 将有关式子看成 $\sin x$ 与 $\cos x$ 的一次函数；例 9 更采用了方程的观点.

　　学数学的最好方法是做数学.第 9 章提供了 140 道习题供大家选用，其中主要是基础题，并附有习题解答.我们认为务必要打好基础，加强三角式的运算、恒等变形.反对好高骛远，追求华而不实的"技巧".

　　当下，国内初中数学阶段式的运算相当薄弱.学习三角函数的恒等变形，正是增强基本运算的最好机会.

作　者

目　　录

第1章 锐角的三角函数

1.1 正 弦

设 α 为锐角,顶点为 O,在它的一条边上任取一点 A,向另一条边作垂线,垂足为 B(图 1.1).比值 $\dfrac{AB}{OA}$ 称为 α 的正弦,记为 $\sin \alpha$,即

$$\sin \alpha = \frac{AB}{OA}. \tag{1.1}$$

这里首先要确定这个定义是正确的、没有歧义的(well defined).也就是说:

(1) 如果点 A 换成边(射线)OA 上另一点 A_1,那么所得出的相应的比与 $\dfrac{AB}{OA}$ 相等.

这不难证明.设由点 A_1 向边 OB 作垂线,垂足为 B_1,则

$$\text{Rt}\triangle OA_1B_1 \backsim \text{Rt}\triangle OAB,$$

所以

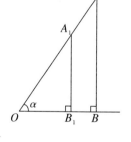

图 1.1

$$\frac{A_1B_1}{OA_1} = \frac{AB}{OA}.$$

（2）如果点 A 换成射线 OB 上一点 A_2，由点 A_2 向 OA 作

垂线，垂足为 B_2（图 1.2），那么 $\dfrac{A_2B_2}{OA_2}=\dfrac{AB}{OA}$.

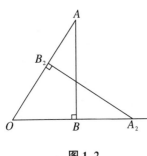

图 1.2

理由同上. 因为有一个锐角为 α 的 所 有 直 角 三 角 形 都 相似，$\text{Rt}\triangle OA_2B_2 \backsim \text{Rt}\triangle OAB$，所以对应 边成比例，$\dfrac{A_2B_2}{OA_2}=\dfrac{AB}{OA}$.

因此，$\sin\alpha$ 是由 α 确定的唯一 的值，与点 A 在边上的选择无关. 而且如果 α 是一个直角三角形的锐

角，那么 $\sin\alpha$ 就是 α 的对边比斜边.

例 1　求 $\sin 30°,\sin 45°,\sin 60°$.

解　图 1.3（a）中，$\angle AOB=30°$，$\angle ABO=90°$. 熟知这时

$AB=\dfrac{1}{2}OA$，所以

$$\sin 30°=\dfrac{AB}{OA}=\dfrac{1}{2}.$$

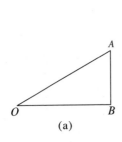
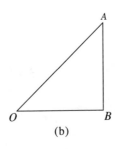
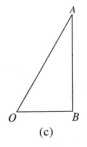

(a)　　　　　　　(b)　　　　　　　(c)

图 1.3

图 1.3（b）中，$\angle AOB=45°$，$\angle ABO=90°$. 熟知这时 $OB=$

$AB,OA = \sqrt{2}AB$,所以

$$\sin 45° = \frac{AB}{OA} = \frac{1}{\sqrt{2}} = \frac{\sqrt{2}}{2}.$$

图 1.3(c)中,$\angle AOB = 60°$,$\angle ABO = 90°$. 熟知这时 $\angle OAB = 30°$,$OB = \frac{1}{2}OA$,$AB = \sqrt{OA^2 - OB^2} = \sqrt{1 - \frac{1}{4}}OA = \frac{\sqrt{3}}{2}OA$,所以

$$\sin 60° = \frac{AB}{OA} = \frac{\sqrt{3}}{2}.$$

在 α 给定时,$\sin \alpha$ 均可通过计算获得,以后我们还会给出 $18°,36°,54°,72°$ 的正弦值. 但对一般的 α,需要更多的知识与更复杂的计算才能得出 $\sin \alpha$. 幸而这件事早已由前人帮我们完成,他们编制了三角函数值的表. 现在,普通的计算器上就有正弦等三角函数的值可查. 甚至手机上的计算器也足以够用.

正弦函数是有界的. 因为 $AB < OA$(直角边小于斜边),所以

$$0 < \sin \alpha < 1. \tag{1.2}$$

例 2　证明:$\sin \alpha$ 是严格的增函数,即锐角 $\beta > \alpha$ 时,有

$$\sin \beta > \sin \alpha.$$

证明　设直角三角形 AOB 中,$\angle ABO = 90°$,$\angle AOB = \alpha$. 以 O 为顶点,OB 为一边,在点 A 同侧作 $\angle A_1OB = \beta$. 因为 $\beta > \alpha$,所以射线 OA 在 $\angle A_1OB$ 内. 又过点 A 作 OB 的平行线,交射线 OA_1 于点 A_1(图 1.4). 因为

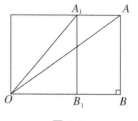

图 1.4

β 为锐角，$AA_1 /\!/ OB$，所以

$$\angle OA_1 A = 180° - \beta > 90°.$$

在 $\triangle OA_1 A$ 中，因为钝角 $\angle OA_1 A > \angle OAA_1$，所以

$$OA > OA_1. \tag{1.3}$$

过点 A_1 作 OB 的垂线，垂足为 B_1. 因为 $AA_1 /\!/ BB_1$，所以

$$AB = A_1 B_1. \tag{1.4}$$

由式(1.3)和式(1.4)，有

$$\sin \beta = \frac{A_1 B_1}{OA_1} > \frac{AB}{OA} = \sin \alpha.$$

例 3　在锐角三角形 ABC 中，$BC = a$，$AC = b$，$AB = c$. 求证：

$$\frac{a}{\sin A} = \frac{b}{\sin B} = \frac{c}{\sin C}. \tag{1.5}$$

证明　作高 AD（图 1.5），则在直角三角形 ABD 中，有

$$\sin B = \frac{AD}{AB},$$

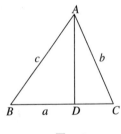

图 1.5

所以

$$AD = AB \times \sin B = c \sin B. \tag{1.6}$$

同理，由 Rt$\triangle ADC$ 得

$$AD = b \sin C. \tag{1.7}$$

由式(1.6)和式(1.7)，得

$$c \sin B = b \sin C,$$

所以

$$\frac{b}{\sin B} = \frac{c}{\sin C}. \tag{1.8}$$

同理，有

$$\frac{a}{\sin A} = \frac{b}{\sin B}. \tag{1.9}$$

所以原式得证.

例3的结论称为正弦定理.

例4 设锐角三角形 ABC 的外接圆的半径为 R,且 $BC = a$.求证:

$$a = 2R\sin A.$$

证明 作直径 BD(图1.6),则 $\angle BCD = 90^\circ$,$\angle BDC = A$,$BD = 2R$,所以

$$a = BC = BD\sin\angle BDC = 2R\sin A.$$

于是例3中的结果可以写成

图1.6

$$\frac{a}{\sin A} = \frac{b}{\sin B} = \frac{c}{\sin C} = 2R. \tag{1.10}$$

1.2 余 弦

设 α 为锐角,顶点为 O,在它的一条边上任取一点 A,向另一条边作垂线,垂足为 B(图1.7).比值 $\dfrac{OB}{OA}$ 称为 α 的余弦,记为 $\cos\alpha$,即

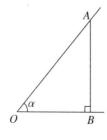

$$\cos\alpha = \frac{OB}{OA}. \tag{1.11}$$

与1.1节的正弦相同,可以得出 $\cos\alpha$ 是由 α 确定的唯一的值,与点 A 的选择无关.而且,如果 α 是一个直角三角形的锐角,那么 $\cos\alpha$ 就是与它相邻的直角边和斜边的

图1.7

比值.

例5　求 $\cos 30°, \cos 45°, \cos 60°$.

解　易知

$$\cos 30° = \frac{\sqrt{3}}{2}, \quad \cos 45° = \frac{\sqrt{2}}{2}, \quad \cos 60° = \frac{1}{2}.$$

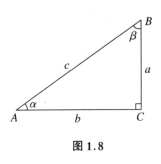

图 1.8

在两个锐角互余时,它们可以作为一个直角三角形的两个锐角. 一个角的对边正好是它余角的邻边,所以一个角的正弦(余弦)是它余角的余弦(正弦),即设锐角 $\alpha + \beta = 90°$(图 1.8),则

$$\sin \alpha = \cos \beta, \quad \cos \alpha = \sin \beta,$$

或者写成

$$\sin \alpha = \cos(90° - \alpha), \quad \cos \alpha = \sin(90° - \alpha). \quad (1.12)$$

特别地,本例与例 1 比较,有

$$\cos 30° = \sin 60°, \quad \cos 45° = \sin 45°, \quad \cos 60° = \sin 30°.$$

由式(1.12)及 1.1 节关于 $\sin \alpha$ 的结论,我们有类似的结论:

余弦函数是有界的,而且

$$0 < \cos \alpha < 1. \quad (1.13)$$

余弦函数是严格递减的,即锐角 $\beta > \alpha$ 时,有

$$\cos \beta < \cos \alpha. \quad (1.14)$$

例6　设 α 为锐角.求证:

$$\sin^2 \alpha + \cos^2 \alpha = 1. \quad (1.15)$$

证明　在图 1.8 的 Rt$\triangle ABC$ 中,有

$$\sin \alpha = \frac{a}{c}, \quad \cos \alpha = \frac{b}{c},$$

而由勾股定理

$$a^2 + b^2 = c^2, \tag{1.16}$$

所以

$$\sin^2 \alpha + \cos^2 \alpha = \left(\frac{a}{c}\right)^2 + \left(\frac{b}{c}\right)^2 = \frac{a^2 + b^2}{c^2} = 1.$$

例 7　已知等腰三角形 ABC 的腰 $AB = AC = b$,底角为 α. 求底边 BC.

解　设 D 为 BC 的中点(图 1.9),则 AD 是等腰三角形的中线,也是底边 BC 上的高.

在 Rt△ABD 中,有

$$BD = b\cos \alpha,$$

所以

$$BC = 2 \times BD = 2b\cos \alpha. \tag{1.17}$$

式(1.17)这样的式子虽然简单,却经常用到.

例 8　设△ABC 为锐角三角形,边长分别为 a, b, c. 求证:

$$c\cos B + b\cos C = a. \tag{1.18}$$

证明　作出 BC 边上的高 AD(图 1.10),则

$$a = BC = BD + DC = c\cos B + b\cos C.$$

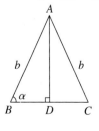

图 1.9

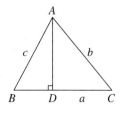

图 1.10

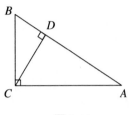

图 1.11

例 9　$\triangle ABC$ 中，$\angle ACB = 90°$，CD 为高（图 1.11）．求证：

（1）$AC^2 = AD \times AB$，$BC^2 = BD \times BA$；

（2）$CD^2 = AD \times DB$．

证明　（1）$AC = AB\cos A$，$AD = AC\cos A$，所以

$$AC \times AC\cos A = AB\cos A \times AD，$$

即 $AC^2 = AD \times AB$．

同理可得 $BC^2 = BD \times BA$．

（2）$CD = AC\sin A = BC\sin B$，所以

$$CD^2 = AC \times BC\sin A\sin B.　　　　(1.19)$$

而

$$AD = AC\cos A，\quad DB = BC\cos B，$$

所以

$$AD \times DB = AC \times BC\cos A\cos B.　　　(1.20)$$

因为

$$\cos A = \sin(90° - A) = \sin B，\quad \cos B = \sin A，$$

所以由式（1.19）和式（1.20），有

$$CD^2 = AD \times DB.$$

最后介绍一个重要的定理．

例 10　在锐角三角形 ABC 中，边长分别为 a, b, c．求证：

$$a^2 = b^2 + c^2 - 2bc\cos A.　　　　　(1.21)$$

证明　作高 CD（图 1.12）．$AD = b\cos A$，$BD = c - b\cos A$，$CD = b\sin A$．

在 Rt$\triangle BCD$ 中,有

$$a^2 = BC^2 = (c - b\cos A)^2 + (b\sin A)^2$$
$$= c^2 - 2bc\cos A + b^2\cos^2 A + b^2\sin^2 A$$
$$= b^2 + c^2 - 2bc\cos A.$$

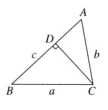

图 1.12

式(1.21)称为余弦定理,它是勾股定理的推广.

1.3 正切、余切及其他

设 α 为锐角,在它的一条边上任取一点 A,向另一条边作

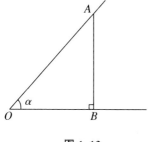

图 1.13

垂线,垂足为 B(图 1.13).比值$\dfrac{AB}{OB}$称为 α 的正切,记为 $\tan\alpha$.而比值$\dfrac{OB}{AB}$称为 α 的余切,记为 $\cot\alpha$.这些定义都是没有歧义的,$\tan\alpha$($\cot\alpha$)的值都由 α 唯一确定.而且,如果 α 是一个直角三角形的锐角,那么 $\tan\alpha$ 就是 α 的对边比相邻的直角边,$\cot\alpha$ 就是 α 的相邻的直角边比对边.显然

$$\tan\alpha \cdot \cot\alpha = 1. \tag{1.22}$$

又

$$\tan\alpha = \cot(90^\circ - \alpha), \quad \cot\alpha = \tan(90^\circ - \alpha), \tag{1.23}$$

$$\tan\alpha = \frac{AB}{OB} = \frac{AB}{OA} \times \frac{OA}{OB} = \frac{\sin\alpha}{\cos\alpha}, \tag{1.24}$$

$$\cot\alpha = \frac{\cos\alpha}{\sin\alpha}, \tag{1.25}$$

$$\tan 30^\circ = \frac{\sqrt{3}}{3}, \quad \tan 45^\circ = 1, \quad \tan 60^\circ = \sqrt{3},$$

$$\cot 30^\circ = \sqrt{3}, \quad \cot 45^\circ = 1, \quad \cot 60^\circ = \frac{\sqrt{3}}{3}.$$

因为 $\sin \alpha$ 严格递增,$\cos \alpha$ 严格递减,所以 $\tan \alpha$ 严格递增,$\cot \alpha$ 严格递减.

例 11　α 为锐角.求证:

(1) $\tan^2 \alpha + 1 = \dfrac{1}{\cos^2 \alpha}$;

(2) $\cot^2 \alpha + 1 = \dfrac{1}{\sin^2 \alpha}$.

证明　(1) $\tan^2 \alpha + 1 = \dfrac{\sin^2 \alpha}{\cos^2 \alpha} + 1 = \dfrac{\sin^2 \alpha + \cos^2 \alpha}{\cos^2 \alpha} = \dfrac{1}{\cos^2 \alpha}$.
同样可证(2).

$\dfrac{1}{\cos \alpha}$ 称为 α 的正割,记为 $\sec \alpha$. $\dfrac{1}{\sin \alpha}$ 称为 α 的余割,记为 $\csc \alpha$.此外,还有两个函数:$1 - \cos \alpha$,称为正矢,记为 $\mathrm{vers}\ \alpha$;$1 - \sin \alpha$,称为余矢,记为 $\mathrm{covers}\ \alpha$.

正矢、余矢现在几乎无人使用,正割、余割也很少使用.

这八个三角函数传入中国时,称为八线,因为它们可以分别用八条线段表示.

这八条线段均与单位圆有关.

单位圆,就是半径为 1 的圆.在直角坐标系中,通常以原点 O 为单位圆的圆心.

如图 1.14 所示,锐角 α 的一条边就是 x 轴的正半轴,另一条边与⊙O(单位圆)的交点记为 A.自点 A 到 x 轴作垂线,垂足为 B.直线 AB 又交⊙O 于点 A_1,则 AA_1 是⊙O 的弦,而 AB

$= \sin \alpha$ 是弦 AA_1 的一半. $OB = \cos \alpha$.

设 $\odot O$ 与 x 轴相交于点 C,与 y 轴相交于点 E,则

$$BC = 1 - \cos \alpha = \text{vers } \alpha.$$

弦 AA_1 与 $\overset{\frown}{AA_1}$ 组成弓形. BC 就像一根搭在弦上的箭(矢就是箭).

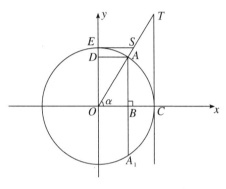

图 1.14

过点 C 作 $\odot O$ 的切线(也就是 AB 的平行线),交射线 OA 于点 T,过点 E 作 $\odot O$ 的切线(也就是 OB 的平行线),交射线 OA 于点 S,则

$$TC = \frac{TC}{OC} = \tan \alpha,$$

$$ES = \frac{ES}{EO} = \tan(90° - \alpha) = \cot \alpha,$$

$$OT = \sqrt{OC^2 + TC^2} = \sqrt{1 + \tan^2 \alpha} = \sec \alpha,$$

$$OS = \sqrt{EO^2 + ES^2} = \sqrt{1 + \cot^2 \alpha} = \csc \alpha.$$

自点 A 向 y 轴作垂线,垂足为 D,则 $DO = AB = \sin \alpha$,且

$$ED = EO - DO = 1 - \sin \alpha = \text{covers } \alpha.$$

于是 AB,OB,TC,ES,OT,OS,BC,ED 这八条线分别表

示 $\sin\alpha$，$\cos\alpha$，$\tan\alpha$，$\cot\alpha$，$\sec\alpha$，$\csc\alpha$，$\mathrm{vers}\,\alpha$，$\mathrm{covers}\,\alpha$．

由这些线段可以更好地看出函数值的变化情形．

例如，我们知道 $0<\cos\alpha<1$．但由余弦线 OB，我们知道 $\cos\alpha$ 可取区间 $(0,1)$ 中的任何一个值 b：在 x 轴上取 $OB=b$，过点 B 作 OB 的垂线交单位圆于点 A，则 OB 就是 $\angle AOB=\alpha$ 的余弦线，$\cos\alpha=b$．

同样 $\sin\alpha$ 可取区间 $(0,1)$ 中的任何一个值 a：在 y 轴上取点 D，使 $DO=a$，过点 D 作 OD 的垂线交单位圆于点 A，则 OD 就是 $\angle AOB=\alpha$ 的正弦线，$\sin\alpha=a$．

$\tan\alpha$ 是无界的，它可以取区间 $(0,+\infty)$ 中的任何一个值 c：在切线 CT 上取点 T 使 $TC=c$，连 OT，则 TC 就是 $\angle TOC=\alpha$ 的正切线，$\tan\alpha=c$．

同样，$\cot\alpha$ 也是无界的，它可以取区间 $(0,+\infty)$ 中的任何一个值．

三角函数在测绘方面举足轻重．这里举一个例子．

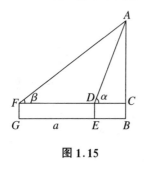

图 1.15

例 12　如图 1.15 所示，为了测量 AB 的高，先将测量仪放在 DE 上，测得仰角为 α（$\angle ADC=\alpha$，DC 为水平方向，点 C 在 AB 上），再后退 a m，将测量仪放在 FG 上，测得仰角为 β（$\angle AFC=\beta$）．如果测量仪的高为 b（$CB=DE=FG=b$），求 AB．

解　设 $AC=h$，则

$$DC=h\cot\alpha，\qquad FC=h\cot\beta，$$

所以

$$a = GE = FD = FC - DC = h(\cot \beta - \cot \alpha),$$

$$h = \frac{a}{\cot \beta - \cot \alpha},$$

$$AB = h + b = \frac{a}{\cot \beta - \cot \alpha} + b.$$

例如 $a = 100$ m,$b = 1.4$ m,$\alpha = 45°$,$\beta = 30°$,则

$$h = \frac{100}{\cot 30° - \cot 45°} = \frac{100}{\sqrt{3} - 1} = 50(\sqrt{3} + 1) \ (\text{m}),$$

$$AB = 50(\sqrt{3} + 1) + 1.4 \approx 138 \ (\text{m}).$$

1.4 弧 度 制

角度的大小,除了用度、分、秒制外,还可以用弧度制.后者的使用在数学中更为普遍.

取一个半径为 1 的圆(单位圆)(图 1.16).它的周长为 2π.

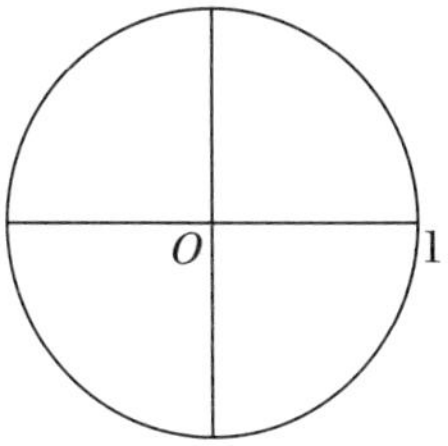

我们约定周角(360°的角)为 2π 个弧度,即

$$360° = 2\pi \ \text{弧度} \approx 6.283\,185\,3 \ \text{弧度}.$$

"弧度"二字通常省去,所以上式即

$$360° = 2\pi \approx 6.283\,185\,3. \tag{1.26}$$

图 1.16

于是

$$180° = \pi, \quad 90° = \frac{\pi}{2}, \quad 60° = \frac{\pi}{3}, \quad 45° = \frac{\pi}{4}, \quad 30° = \frac{\pi}{6}.$$

$$1° = \frac{\pi}{180} \approx 0.017\,453\,29, \quad n° = \frac{n\pi}{180}.$$

$$1 = \frac{180^\circ}{\pi} \approx 57^\circ 17' 44.8'', \quad m = \frac{m}{\pi} \times 180^\circ.$$

弧度制的重要性在于它使角(采用弧度制后)与数处于同等地位,便于比较.

例 13　设 α 为锐角(采用弧度制).求证: $\alpha > \sin \alpha$.

证明　在图 1.14 中, $\overset{\frown}{AA_1} > AA_1$, 而

$$\overset{\frown}{AA_1} = OA \times 2\alpha = 2\alpha,$$

$$AA_1 = 2AB = 2\sin \alpha,$$

所以

$$\alpha > \sin \alpha.$$

例 14　设 α 为锐角(采用弧度制).求证: $\tan \alpha > \alpha$.

证明　在图 1.14 中,有

$$S_{扇形AOC} = \frac{1}{2} \times OA^2 \times \alpha = \frac{1}{2}\alpha, \tag{1.27}$$

$$S_{\triangle OTC} = \frac{1}{2} \times OC \times TC = \frac{1}{2}\tan \alpha. \tag{1.28}$$

因为

$$S_{\triangle OTC} > S_{扇形AOC},$$

所以

$$\tan \alpha > \alpha.$$

今后,在遇到角与数比较或角与数运算时,均采用弧度制.

使用弧度制后,角的大小与线段的长短都同样用实数表示.但线段的长度可以是 0 至正无穷,而且考虑方向后,也可以取 0 至负无穷(这一点对于画在数轴上的有向线段尤为明显).既然线段的长可以取一切实数(从 $-\infty$ 到 $+\infty$),那么角也应当如此,没有必要限制在 0 与 2π 之间.

在实际生活中,车轮旋转时,一根轮轴绕中心旋转超过若干圈,转过的角度也就超过若干个 360°,也就是超过若干个 2π(弧度).一般地,我们将角看成一条射线从初始位置开始,绕顶点旋转而生成的.这条射线的顶点记为 O,初始位置取作 x 轴的正方向,当射线绕点 O 作逆时针旋转时,生成的角是正的;而绕点 O 作顺时针旋转时,生成的角是负的.图 1.17(a)中的 α 是正的,而图 1.17(b)中的 α 是负的.

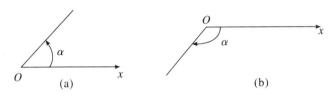

图 1.17

在旋转中,射线的初始位置称为角的始边,(旋转结束时)射线的最终位置称为角的终边.

旋转未开始时,记 α 为 0(弧度).当射线绕顶点 O 作逆时针旋转时,角从 0 不断增加.图 1.18(a)~(h)中的 α 分别由锐角而直角,而钝角,而 π,而 $\dfrac{3\pi}{2}$,而 2π,而超过 2π,而超过 4π……

图 1.19 则表示负的角.

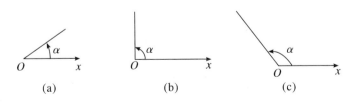

图 1.18

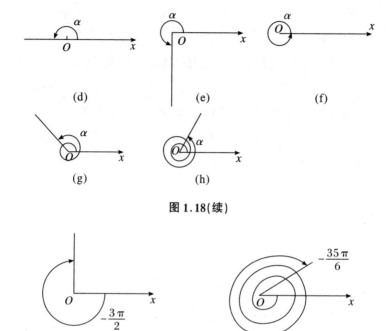

图 1.18(续)

图 1.19

α 与 $2k\pi+\alpha$（k 为整数）的终边相同,这就是我们常说的"周而复始",每增加(或减少)一个 2π,终边就多转了一圈(逆时针或顺时针).增加 $2|k|\pi$,终边就多转了 $|k|$ 圈.

第 2 章　任意角的三角函数

2.1　正　　弦

角的概念已经推广,它的大小可以为 $(-\infty, +\infty)$ 中的任意一个实数,角的三角函数也应当作相应的推广.

我们利用前面已经出现过的单位圆与直角坐标系.

设角 α 的顶点为原点 O,始边为正半 x 轴,终边与以点 O 为圆心的单位圆相交于点 A(图 2.1).点 A 的坐标为 (x,y),则

$$x^2 + y^2 = 1. \qquad (2.1)$$

定义 α 的正弦为

$$\sin \alpha = y. \qquad (2.2)$$

现在的定义适用一切角.

首先从 $\alpha = 0$ 开始,这时终边与始边重合,也就是与 x 轴的正半轴重合.点 A 的坐标为 $(1,0)$(图 2.2),所以

$$\sin 0° = \sin 0 = 0. \qquad (2.3)$$

接下来,OA 绕点 O 沿逆时针旋转,产生正的角.

当 α 为锐角时,现在的定义与第 1 章的定义,两者完全相同(图 2.1).这就是推广的承袭性,即我们的推广并非推翻原来的定义,更不与原来的定义矛盾,而是扩大定义的范围.

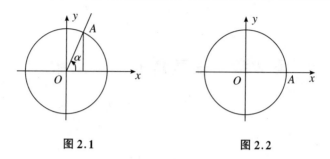

图 2.1   图 2.2

当 α 为直角时,点 A 的坐标为 $(0,1)$(图 2.3),所以

$$\sin 90° = \sin \frac{\pi}{2} = 1. \tag{2.4}$$

当 α 为钝角时,$y > 0$(图 2.4),这时 $\sin \alpha$ 是正的,而且 α 的补角 $\pi - \alpha$ 是锐角,所以

$$\sin \alpha = \sin(\pi - \alpha). \tag{2.5}$$

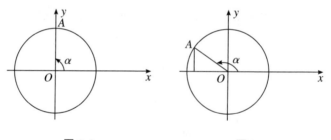

图 2.3   图 2.4

当 α 为平角时,$y = 0$,所以

$$\sin 180° = \sin \pi = 0. \tag{2.6}$$

当 $\pi < \alpha < \dfrac{3\pi}{2}$ 时,终边 OA 在第三象限(图 2.5),$y < 0$,这时 $\sin \alpha$ 是负的,而 $\alpha - \pi$ 是锐角,所以

$$\sin \alpha = -\sin(\alpha - \pi). \tag{2.7}$$

当 $\alpha = \dfrac{3\pi}{2}$ 时,点 A 在 y 轴的负半轴上,坐标 $y = -1$(图 2.6),所以

$$\sin 270° = \sin \frac{3\pi}{2} = -1. \qquad (2.8)$$

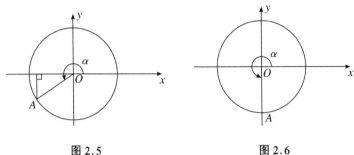

图 2.5　　　　　　　　　　图 2.6

当 $\dfrac{3\pi}{2} < \alpha < 2\pi$ 时,终边 OA 在第四象限(图 2.7),$y < 0$,这时 $\sin \alpha$ 是负的,而 $2\pi - \alpha$ 是锐角,所以

$$\sin \alpha = -\sin(2\pi - \alpha). \qquad (2.9)$$

最后,OA 旋转一周又回到初始位置,点 A 在 x 轴正半轴上(图 2.8),$y = 0$,$\alpha = 2\pi$,所以

$$\sin 360° = \sin 2\pi = 0. \qquad (2.10)$$

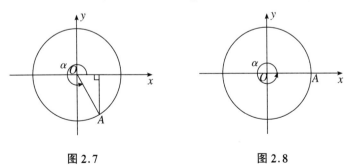

图 2.7　　　　　　　　　　图 2.8

旋转 360°后,接下去是第二圈、第三圈……但我们的定义式 (2.2)只与角 α 的终边位置有关,而 α 与 $2n\pi + \alpha$(n 为正整数) 的终边位置是相同的(后者的终边多转了 n 圈,又回到同一位 置),所以

$$\sin(\alpha + 2n\pi) = \sin\alpha \quad (n\ \text{为正整数}). \quad (2.11)$$

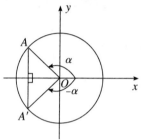

图 2.9

如果 OA 从 x 轴正半轴开始,绕 点 O 顺时针旋转,那么我们就得到负 的角.注意对任意的 α,$-\alpha$ 的终边与 α 的终边关于 x 轴对称,即与单位圆 交点(横坐标相同)的纵坐标成相反 数(图 2.9),因此

$$\sin(-\alpha) = -\sin\alpha. \quad (2.12)$$

并且在 n 为负整数时,$\alpha + 2n\pi$ 即 α 的终边由原来位置沿顺时 针方向绕原点转 $-n$ 圈,仍回到原来位置,所以式(2.11)在 n 为负整数时依然成立,即有

$$\sin(\alpha + 2n\pi) = \sin\alpha \quad (n\ \text{为整数}). \quad (2.13)$$

式(2.13)称为 $\sin x$ 的周期性,2π 称为 $\sin x$ 的周期,即 x 增加或减少 2π,值保持不变.

任意的角 α,都可以通过加上或减去 2π 的整数倍,成为区 间$[0,2\pi)$中的角.

当 $0 \leqslant \alpha < 2\pi$ 时,如果 α 是第四象限的角(即它的终边在第 四象限,$\frac{3\pi}{2} < \alpha < 2\pi$),那么由式(2.9),即

$$\sin\alpha = -\sin(2\pi - \alpha),$$

化为锐角 $2\pi - \alpha$ 的正弦的相反数;如果 α 是第三象限的角,那

么可由式(2.7),即

$$\sin \alpha = -\sin(\alpha - \pi),$$

化为锐角 $\alpha - \pi$ 的正弦;如果 α 是第二象限的角,那么可由式 (2.5),即

$$\sin \alpha = \sin(\pi - \alpha),$$

化为锐角 $\pi - \alpha$ 的正弦. 从而 $\sin \alpha$ 的值都可以通过相应锐角的正弦值获得.

例 1　求 $\sin 120°$,$\sin 135°$,$\sin 150°$,即求 $\sin \dfrac{2\pi}{3}$,$\sin \dfrac{3\pi}{4}$,$\sin \dfrac{5\pi}{6}$.

解

$$\sin 120° = \sin \frac{2\pi}{3} = \sin \frac{\pi}{3} = \frac{\sqrt{3}}{2},$$

$$\sin 135° = \sin \frac{3\pi}{4} = \sin \frac{\pi}{4} = \frac{\sqrt{2}}{2},$$

$$\sin 150° = \sin \frac{5\pi}{6} = \sin \frac{\pi}{6} = \frac{1}{2}.$$

例 2　求 $\sin \dfrac{7\pi}{6}$,$\sin \dfrac{5\pi}{4}$,$\sin \dfrac{4\pi}{3}$,$\sin \dfrac{5\pi}{3}$,$\sin \dfrac{7\pi}{4}$,$\sin \dfrac{11\pi}{6}$.

解

$$\sin \frac{7\pi}{6} = -\sin \frac{\pi}{6} = -\frac{1}{2},$$

$$\sin \frac{5\pi}{4} = -\sin \frac{\pi}{4} = -\frac{\sqrt{2}}{2},$$

$$\sin \frac{4\pi}{3} = -\sin \frac{\pi}{3} = -\frac{\sqrt{3}}{2},$$

$$\sin \frac{5\pi}{3} = -\sin \frac{\pi}{3} = -\frac{\sqrt{3}}{2},$$

$$\sin \frac{7\pi}{4} = -\sin \frac{\pi}{4} = -\frac{\sqrt{2}}{2},$$

$$\sin \frac{11\pi}{6} = -\sin \frac{\pi}{6} = -\frac{1}{2}.$$

例 3 设△ABC 中,∠$BAC = \alpha$ 为钝角,$AC = b$,$AB = c$,求边 AC,AB 上的高.

解 如图 2.10 所示,设 CE,BF 为高,则

$$CE = b\sin \angle CAE = b\sin \alpha,$$

$$BF = c\sin \angle FAB = c\sin \alpha.$$

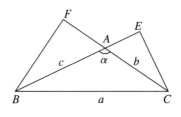

图 2.10

在图 2.10 中,设 $BC = a$,则 $CE = a\sin \angle ABC$,$BF = a\sin \angle ACB$,所以正弦定理

$$\frac{a}{\sin A} = \frac{b}{\sin B} = \frac{c}{\sin C} \tag{2.14}$$

在∠BAC 为钝角时仍然成立.

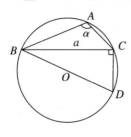

图 2.11

例 4 △ABC 中,∠$BAC = \alpha$ 为钝角,$BC = a$,外接圆半径为 R. 证明:$a = 2R\sin A$.

证明 作直径 BD(图 2.11),则

$$\angle BDC = 180° - \angle BAC = 180° - \alpha,$$

∠$BCD = 90°$,所以在 Rt△BCD 中,有

$$a = BD\sin\angle BDC = 2R\sin(180° - \alpha)$$
$$= 2R\sin\alpha.$$

于是,第 1 章 1.1 节中的正弦定理现在仍然成立.

例 5　证明对任意角 α,都有:

(1) $\sin(\pi - \alpha) = \sin\alpha$;

(2) $\sin(\alpha - \pi) = -\sin\alpha$;

(3) $\sin(2\pi - \alpha) = -\sin\alpha$.

证明　这几个式子前面已经见过,它们就是式(2.5)、式(2.7)、式(2.9).但那里的 α 都有一定的条件限制.式(2.5)中,$\dfrac{\pi}{2} < \alpha < \pi$;式(2.7)中,$\pi < \alpha < \dfrac{3\pi}{2}$;式(2.9)中,$\dfrac{3\pi}{2} < \alpha < 2\pi$.现在则要证明它们对任意的 α 都成立.

通过作出各种情况下的图形,仍然可以完成证明.这并不困难,我们将它留给有兴趣的读者自己去做.这里采用另一种办法,即利用已经有的、带有限制条件的式(2.5)、式(2.7)、式(2.9)及周期性,证明上面的结论.以(1)为例(其他两个证明留给读者).

由周期性,可以限制 α 为 $0 \sim 2\pi$ 的角.

当 $\alpha = 0, \dfrac{\pi}{2}, \pi, \dfrac{3\pi}{2}$ 时,结论显然成立.

当 α 是第二象限的角时,结论已经成立(即式(2.5)).

当 α 为锐角时,$\pi - \alpha$ 在第二象限,由式(2.5),有
$$\sin(\pi - \alpha) = \sin(\pi - (\pi - \alpha)) = \sin\alpha.$$

当 α 是第三象限的角时,$\pi < \alpha < \dfrac{3\pi}{2}$,所以 $\alpha - \pi$ 是锐角,

$$\sin(\pi - \alpha) = \sin(2\pi + \pi - \alpha) \quad (\text{周期性})$$
$$= \sin(3\pi - \alpha)$$
$$= -\sin(2\pi - (3\pi - \alpha))$$
$$(\text{利用式}(2.9) \text{及} \frac{3\pi}{2} < 3\pi - \alpha < 2\pi)$$
$$= -\sin(\alpha - \pi)$$
$$= \sin \alpha \quad (\text{利用式}(2.7)).$$

当 α 是第四象限的角时,$\frac{3\pi}{2} < \alpha < 2\pi$,所以 $\pi < 3\pi - \alpha < \frac{3\pi}{2}$,

$0 < 2\pi - \alpha < \frac{\pi}{2}$,

$$\sin(\pi - \alpha) = \sin(3\pi - \alpha) \quad (\text{周期性})$$
$$= -\sin(2\pi - \alpha) \quad (\text{利用式}(2.7))$$
$$= \sin \alpha \quad (\text{利用式}(2.9)).$$

如果允许用式(2.12),还可以有种种不同的证明.

这种在一定限制下的证明(限定只能用式(2.5)、式(2.7)、式(2.9)、周期性或式(2.12)),可以称为公理化的方法,是一种很好的智力游戏,有点像在小圆桌上滑冰.不过,既然卓别林能够做到,我们也应当能够做到.

2.2 余　　弦

设角 α 的顶点为原点 O,始边为正半 x 轴,终边与以点 O 为圆心的单位圆相交于点 A,点 A 的坐标为 (x, y),则定义 α 的余弦为

$$\cos \alpha = x. \tag{2.15}$$

与 2.1 节类似,由 x 的大小可得

$$\cos 0° = \cos 0 = 1. \tag{2.16}$$

在 $0 < \alpha < \dfrac{\pi}{2}$ 时,$\cos \alpha$ 的定义与上一章一致,而且 $0 < \cos \alpha$ < 1.

$$\cos 90° = \cos \frac{\pi}{2} = 0. \tag{2.17}$$

在 $\dfrac{\pi}{2} < \alpha < \pi$ 时,$\cos \alpha < 0$,并且

$$\cos \alpha = -\cos(\pi - \alpha), \tag{2.18}$$

$$\cos 180° = \cos \pi = -1. \tag{2.19}$$

在 $\pi < \alpha < \dfrac{3\pi}{2}$ 时,$\cos \alpha < 0$,并且

$$\cos \alpha = -\cos(\alpha - \pi), \tag{2.20}$$

$$\cos 270° = \cos \frac{3\pi}{2} = 0. \tag{2.21}$$

在 $\dfrac{3\pi}{2} < \alpha < 2\pi$ 时,$\cos \alpha > 0$,并且

$$\cos \alpha = \cos(2\pi - \alpha). \tag{2.22}$$

$\cos x$ 也具有周期性,即对任意 α,有

$$\cos(\alpha + 2n\pi) = \cos \alpha \quad (n\ 为整数), \tag{2.23}$$

而且由于 $-\alpha$ 与 α 的终边关于 x 轴对称,它们与单位圆的交点有相同的横坐标,所以

$$\cos(-\alpha) = \cos \alpha. \tag{2.24}$$

任何 $\cos \alpha$ 的值都可以通过相应锐角的余弦值获得.

例 6　求 $\cos\dfrac{2}{3}\pi$, $\cos\dfrac{3}{4}\pi$, $\cos\dfrac{5}{6}\pi$, $\cos\dfrac{7}{6}\pi$, $\cos\dfrac{5}{4}\pi$, $\cos\dfrac{4}{3}\pi$,

$\cos\dfrac{5}{3}\pi$, $\cos\dfrac{7}{4}\pi$, $\cos\dfrac{11}{6}\pi$.

解

$$\cos\frac{2}{3}\pi = -\cos\frac{\pi}{3} = -\frac{1}{2},$$

$$\cos\frac{3}{4}\pi = -\cos\frac{\pi}{4} = -\frac{\sqrt{2}}{2},$$

$$\cos\frac{5}{6}\pi = -\cos\frac{\pi}{6} = -\frac{\sqrt{3}}{2},$$

$$\cos\frac{7}{6}\pi = -\cos\frac{\pi}{6} = -\frac{\sqrt{3}}{2},$$

$$\cos\frac{5}{4}\pi = -\cos\frac{\pi}{4} = -\frac{\sqrt{2}}{2},$$

$$\cos\frac{4}{3}\pi = -\cos\frac{\pi}{3} = -\frac{1}{2},$$

$$\cos\frac{5}{3}\pi = \cos\frac{\pi}{3} = \frac{1}{2},$$

$$\cos\frac{7}{4}\pi = \cos\frac{\pi}{4} = \frac{\sqrt{2}}{2},$$

$$\cos\frac{11}{6}\pi = \cos\frac{\pi}{6} = \frac{\sqrt{3}}{2}.$$

当 α 在第一、四象限时,$\cos\alpha$ 为正;当 α 在第二、三象限时,$\cos\alpha$ 为负.特别地,在 α 为钝角时,$\cos\alpha$ 为负.因此,对于钝角三角形,第 1 章的相关结论,现在是否成立,值得研究.

例 7　在 $\triangle ABC$ 中,边长分别为 a, b, c.求证:

$$c\cos B + b\cos C = a. \tag{2.25}$$

证明　B,C 都是锐角的情况已
经证过(第 1 章 1.2 节例 8).

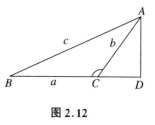

图 2.12

不妨设 C 为钝角. 设 AD 为 BC
边上的高, 因为 $\angle ACB$ 为钝角, 所以
D 在 BC 的延长线上(图 2.12). 由余
弦的定义

$$BD = c\cos B, \quad CD = b\cos\angle DCA.$$

而

$$\cos\angle ACB = -\cos(\pi - \angle ACB) = -\cos\angle DCA,$$

所以

$$\begin{aligned} a &= BC = BD - CD = c\cos B - b\cos\angle DCA \\ &= c\cos B + b\cos\angle ACB. \end{aligned}$$

即式(2.25)成立.

本题以 C 为顶点的角不止一个, 所以分别用 $\angle ACB$,
$\angle DCA$ 表示, 它们的和为 $180°$(互补). 这里 $\angle ACB$ 表示射线
CA 依逆时针方向绕 C 点旋转到 CB 所产生的角, $\angle DCA$ 表示
射线 CD 依逆时针方向绕 C 点旋转到 CA 所产生的角.

对于钝角三角形, 余弦定理仍然成立.

例 8　在 $\triangle ABC$ 中, 有余弦定理

$$a^2 = b^2 + c^2 - 2bc\cos A. \tag{2.26}$$

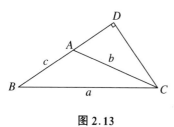

图 2.13

证明　A 为锐角的情况已经
证过. A 为直角时, 即勾股定理.

设 A 为钝角, 作 AB 边上的
高 CD(图 2.13). 由于 $\angle BAC$ 为
钝角, 所以垂足 D 在 BA 的延长

线上.

$$a^2 = BC^2 = BD^2 + CD^2 = (BA + AD)^2 + CD^2$$
$$= (c + b\cos\angle CAD)^2 + (b\sin\angle CAD)^2$$
$$= (c - b\cos\angle BAC)^2 + (b\sin\angle BAC)^2$$
$$= c^2 - 2bc\cos\angle BAC + b^2(\cos^2\angle BAC + \sin^2\angle BAC)$$
$$= c^2 + b^2 - 2bc\cos\angle BAC.$$

即式(2.26)成立.

可以证明(方法与上式类似)式(2.18)、式(2.20)、式(2.22)对一切 α 成立,我们不再一一证明. 只证明下面余弦与正弦的一个关系.

例 9 证明对任意的 α,有

$$\sin\left(\frac{\pi}{2} - \alpha\right) = \cos\alpha. \tag{2.27}$$

证明 由周期性,只需讨论 $0\sim2\pi$ 的角 α.

α 是锐角时,第 1 章已经说过.

当 $\dfrac{\pi}{2} < \alpha < \pi$ 时,$0 < \alpha - \dfrac{\pi}{2} < \dfrac{\pi}{2}$,故

$$\sin\left(\frac{\pi}{2} - \alpha\right) = \sin\left(\pi - \left(\frac{\pi}{2} - \alpha\right)\right) \quad (\text{式}(2.5))$$
$$= \sin\left(\alpha + \frac{\pi}{2}\right) = \sin\left(\alpha - \frac{\pi}{2} + \pi\right)$$
$$= -\sin\left(\alpha - \frac{\pi}{2}\right) \quad (\text{式}(2.7))$$
$$= -\cos\left(\frac{\pi}{2} - \left(\alpha - \frac{\pi}{2}\right)\right)$$
$$= -\cos(\pi - \alpha)$$
$$= \cos\alpha \quad (\text{式}(2.18)).$$

当 $\pi < \alpha < \dfrac{3\pi}{2}$ 时，$0 < \alpha - \pi < \dfrac{\pi}{2}$，故

$$\sin\left(\dfrac{\pi}{2} - \alpha\right) = -\sin\left(\dfrac{\pi}{2} - \alpha + \pi\right) \quad (式(2.7))$$

$$= -\sin\left(\dfrac{\pi}{2} - (\alpha - \pi)\right) = -\cos(\alpha - \pi)$$

$$= \cos\alpha \quad (式(2.20)).$$

当 $\dfrac{3\pi}{2} < \alpha < 2\pi$ 时，$0 < \dfrac{3\pi}{2} - \alpha < \dfrac{\pi}{2}$，故

$$\sin\left(\dfrac{\pi}{2} - \alpha\right) = -\sin\left(\dfrac{3\pi}{2} - \alpha\right) \quad (式(2.7))$$

$$= -\cos\left(\dfrac{\pi}{2} - \left(\dfrac{3\pi}{2} - \alpha\right)\right) = -\cos(\alpha - \pi)$$

$$= \cos\alpha \quad (式(2.20)).$$

最后，当 $\alpha = 0, \dfrac{\pi}{2}, \pi, \dfrac{3\pi}{2}$ 时，式(2.27)显然成立.

以上证明只用到 $\sin\alpha$ 的性质式(2.5)、式(2.7)(已推广至任意 α)及式(2.18)、式(2.20)(已推广至任意角).这种利用几条性质导出新性质的方法可以称为公理化的证明.

当然证法不止一种.读者可以给出其他证法(也可以利用式(2.24)).如果看不懂或不喜欢上面的证法，可以不去管它，知道结论就行了.用图来证也是一种方法.

2.3 正切、余切与三角函数小结

设角 α 的顶点为原点 O，始边为正半 x 轴，终边与以点 O 为圆心的单位圆相交于点 A，点 A 的坐标为 (x, y)(图 2.14)，

则定义

$$\tan \alpha = \frac{y}{x}, \quad \cot \alpha = \frac{x}{y}. \qquad (2.28)$$

在 $\alpha = 0$ 时,$y = 0, x = 1$,所以

$$\tan 0 = 0,$$

而 $\cot 0$ 不存在.

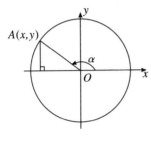

图 2.14

同样,在 $\alpha = \frac{\pi}{2}$ 时,$y = 1, x = 0$,$\tan \frac{\pi}{2}$ 不存在,而 $\cot \frac{\pi}{2} = 0$. $\tan \pi = 0$,$\cot \pi$ 不存在. $\tan \frac{3\pi}{2}$ 不存在,$\cot \frac{3\pi}{2} = 0$.

在 $\frac{\pi}{2} < \alpha < \pi$ 时,$x < 0, y > 0$,$\tan \alpha$,$\cot \alpha$ 均为负,故

$$\tan \alpha = -\tan(\pi - \alpha), \quad \cot \alpha = -\cot(\pi - \alpha). \quad (2.29)$$

在 $\pi < \alpha < \frac{3\pi}{2}$ 时,$x < 0, y < 0$,$\tan \alpha$,$\cot \alpha$ 均为正,故

$$\tan \alpha = \tan(\alpha - \pi), \quad \cot \alpha = \cot(\alpha - \pi). \quad (2.30)$$

在 $\frac{3\pi}{2} < \alpha < 2\pi$ 时,$x > 0, y < 0$,$\tan \alpha$,$\cot \alpha$ 均为负,故

$$\tan \alpha = -\tan(2\pi - \alpha), \quad \cot \alpha = -\cot(2\pi - \alpha). \quad (2.31)$$

同样,2π 是 $\tan x$,$\cot x$ 的周期. 由式(2.30),π 也是它们的周期,而且是最小的正周期,所以

$$\tan(n\pi + \alpha) = \tan \alpha \quad (n \text{ 为整数}), \qquad (2.32)$$

$$\cot(n\pi + \alpha) = \cot \alpha \quad (n \text{ 为整数}). \qquad (2.33)$$

至此,三角函数定义的推广已经完成,我们作 4 点小结.

1. 特殊角的函数值

特殊角的函数值如表 2.1 所示.

表 2.1

函数 ＼ 角	0	$\dfrac{\pi}{6}$	$\dfrac{\pi}{4}$	$\dfrac{\pi}{3}$	$\dfrac{\pi}{2}$	π	$\dfrac{3\pi}{2}$
$\sin\alpha$	0	$\dfrac{1}{2}$	$\dfrac{\sqrt{2}}{2}$	$\dfrac{\sqrt{3}}{2}$	1	0	-1
$\cos\alpha$	1	$\dfrac{\sqrt{3}}{2}$	$\dfrac{\sqrt{2}}{2}$	$\dfrac{1}{2}$	0	-1	0
$\tan\alpha$	0	$\dfrac{\sqrt{3}}{3}$	1	$\sqrt{3}$	不存在	0	不存在
$\cot\alpha$	不存在	$\sqrt{3}$	1	$\dfrac{\sqrt{3}}{3}$	0	不存在	0

其他特殊角的函数值(如 $\sin\dfrac{2\pi}{3}$ 等等),可由下面的诱导公式推导.

2. 三角函数的符号

在第一象限,四个三角函数($\sin x,\cos x,\tan x,\cot x$)均为正.

在第二象限,只有 $\sin x$ 为正,其余三个函数为负.

在第三象限,正切、余切为正,正弦、余弦为负.

在第四象限,只有 $\cos x$ 为正,其余三个函数为负.

于是,得出下面的图 2.15.

图 2.15 中"切"表明在第三象限,正切、余切为正,其余

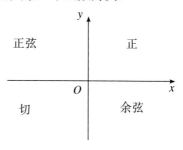

图 2.15

为负.

3．诱导公式

前面出现了不少公式，如式(2.5)、式(2.7)、式(2.11)、式(2.12)、式(2.18)、式(2.20)、式(2.22)、式(2.24)、式(2.29)～式(2.33)，这些公式统称为诱导公式.

诱导公式不必死记，上面的公式都可写成

$$\sin(n\pi \pm \alpha) = \varepsilon \sin \alpha \quad (n \in \mathbf{Z}), \qquad (2.34)$$

$$\cos(n\pi \pm \alpha) = \varepsilon \cos \alpha \quad (n \in \mathbf{Z}), \qquad (2.35)$$

$$\tan(n\pi \pm \alpha) = \varepsilon \tan \alpha \quad (n \in \mathbf{Z}), \qquad (2.36)$$

$$\cot(n\pi \pm \alpha) = \varepsilon \cot \alpha \quad (n \in \mathbf{Z}), \qquad (2.37)$$

其中 $\varepsilon = 1$ 或 -1.

如何定出 $\varepsilon = 1$ 还是 -1？可以用下面的方法：

将 α 当作锐角，看 $n\pi \pm \alpha$ 在哪一个象限，那么相应函数值的符号就由图 2.15 确定，而这也就是 ε 的符号.

例如 $\sin(180° + 135°) = -\sin 135°$. 因为将 α（现在是 $135°$）当作锐角时，$180° + \alpha$ 在第三象限，而在第三象限，正弦为负，所以 $\varepsilon = -1$.

再如 $\tan\left(3\pi - \dfrac{2}{3}\pi\right) = -\tan\dfrac{2}{3}\pi$. 因为将 α（现在是 $\dfrac{2}{3}\pi$）当作锐角时，$3\pi - \alpha$ 在第二象限，而在第二象限，正切为负，所以 $\varepsilon = -1$.

用这一方法就可得出全部诱导公式，所以诱导公式不必死记硬背.

当然，$\sin 135° = \sin 45° = \dfrac{\sqrt{2}}{2}$，$\tan\dfrac{2}{3}\pi = -\tan\dfrac{1}{3}\pi = -\sqrt{3}$，都可以直接得出（正弦在第二象限为正，正切在第二象限为负），

不必利用诱导公式.

还有一类诱导公式,如式(2.27),这一类公式可写成

$$\sin\left((2n+1)\cdot\frac{\pi}{2}\pm\alpha\right)=\varepsilon\cos\alpha,\tag{2.38}$$

$$\cos\left((2n+1)\cdot\frac{\pi}{2}\pm\alpha\right)=\varepsilon\sin\alpha,\tag{2.39}$$

$$\tan\left((2n+1)\cdot\frac{\pi}{2}\pm\alpha\right)=\varepsilon\cot\alpha,\tag{2.40}$$

$$\cot\left((2n+1)\cdot\frac{\pi}{2}\pm\alpha\right)=\varepsilon\tan\alpha,\tag{2.41}$$

其中 $\varepsilon=1$ 或 -1.

注意这几个公式都是一边"正"(正弦、正切),另一边"余"(余弦、余切).而 ε 的符号同样通过"看象限"确定,即将 α 当作锐角,根据 $(2n+1)\cdot\frac{\pi}{2}\pm\alpha$ 所在的象限,定出相应函数的符号.这也就是 ε 的符号.

例如 $\cos\left(\frac{7\pi}{2}-\frac{2\pi}{3}\right)=-\sin\frac{2\pi}{3}$. 因为将 $\alpha=\frac{2\pi}{3}$ 当作锐角, $\frac{7\pi}{2}-\alpha$ $=2\pi+\left(\frac{3\pi}{2}-\alpha\right)$ 在第三象限,而余弦在第三象限为负,所以 $\varepsilon=-1$.

再如 $\tan\left(\frac{3\pi}{2}-\frac{3\pi}{4}\right)=\cot\frac{3\pi}{4}$. 因为将 $\alpha=\frac{3\pi}{4}$ 当作锐角, $\frac{3\pi}{2}-\alpha$ 在第三象限,而正切在第三象限为正,所以 $\varepsilon=1$.

4. 三角函数之间的关系

由 $x^2+y^2=1$ 得

$$\sin^2\alpha+\cos^2\alpha=1.\tag{2.42}$$

又显然

$$\tan \alpha = \frac{\sin \alpha}{\cos \alpha}, \tag{2.43}$$

$$\cot \alpha = \frac{\cos \alpha}{\sin \alpha}, \tag{2.44}$$

$$\tan \alpha \cdot \cot \alpha = 1. \tag{2.45}$$

这四个关系是经常用到的.此外,还有

$$\tan^2 \alpha + 1 = \frac{1}{\cos^2 \alpha}(= \sec^2 \alpha), \tag{2.46}$$

$$\cot^2 \alpha + 1 = \frac{1}{\sin^2 \alpha}(= \mathrm{cosec}^2 \alpha), \tag{2.47}$$

但用得较少.

2.4　图像、反三角函数

用通常找点描图的方法,不难得出 $y = \sin x$ 的图像
(图 2.16).

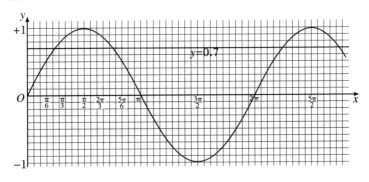

图 2.16　$y = \sin x$

将 $y = \sin x$ 的图像向左平移 $\frac{\pi}{2}$,就可以得到 $y = \cos x$ 的

图像(图 2.17)，这是因为 $\sin\left(x + \dfrac{\pi}{2}\right) = \cos x$.

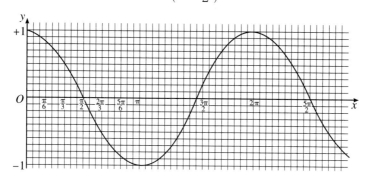

图 2.17　$y = \cos x$

上面的两个图只画出一个周期多一点，如果多画几个周期，那么就像图 2.18、图 2.19.

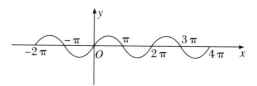

图 2.18　$y = \sin x$(3 个周期)

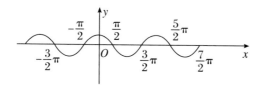

图 2.19　$y = \cos x$(3 个周期)

从图像可以看出正弦与余弦的增减性. 例如，在区间 $\left[-\dfrac{\pi}{2}, \dfrac{\pi}{2}\right]$ 上，$y = \sin x$ 由 -1 严格递增至 1. 而在区间 $[0, \pi]$

上,$y = \cos x$ 由 1 严格递减至 -1.

　　同样,用找点描图法可以得出 $y = \tan x$ 的图像(图 2.20).

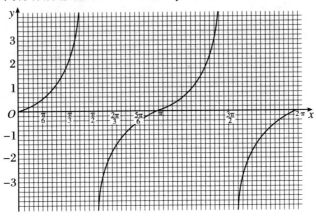

图 2.20　　$y = \tan x$

　　将 $y = \tan x$ 的图像关于直线 $y = \dfrac{\pi}{2}$ 翻转(轴对称)就得到函

数 $y = \cot x$ 的图像,下面的图 2.21、图 2.22 分别是 $y = \tan x$,

$y = \cot x$ 的图像,各画了 3 个周期.

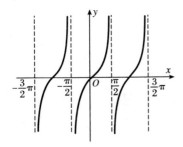

图 2.21　$y = \tan x$(3 个周期)

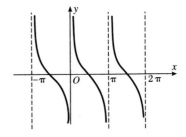

图 2.22　$y = \cot x$(3 个周期)

　　从图像可以看出,在区间 $\left(-\dfrac{\pi}{2}, \dfrac{\pi}{2}\right)$ 上,$y = \tan x$ 严格递增

(从 $-\infty$ 到 $+\infty$);在区间 $(0, \pi)$ 上,$y = \cot x$ 严格递减(从 $+\infty$

到 $-\infty$).

在区间 $\left[-\dfrac{\pi}{2},\dfrac{\pi}{2}\right]$ 上，$y=\sin x$ 严格递增，因而是单射，即对不同的 x，对应的 $\sin x$ 的值也不相同. 因此在 $\left[-\dfrac{\pi}{2},\dfrac{\pi}{2}\right]$ 上，$y=\sin x$ 有反函数，记为 $\arcsin x$（arcsin 是一个整体，表示 $\sin x$ 的反函数）.

例 10　求 $\arcsin\dfrac{1}{2}$，$\arcsin 0$，$\arcsin(-1)$.

解　因为 $\sin\dfrac{\pi}{6}=\dfrac{1}{2}$，所以 $\arcsin\dfrac{1}{2}=\dfrac{\pi}{6}$.

因为 $\sin 0=0$，所以 $\arcsin 0=0$.

因为 $\sin\left(-\dfrac{\pi}{2}\right)=-1$，所以 $\arcsin(-1)=-\dfrac{\pi}{2}$.

函数 $y=\arcsin x$ 的定义域是 $-1\leqslant x\leqslant 1$（因为正弦的值域为 $[-1,1]$），值域是 $\left[-\dfrac{\pi}{2},\dfrac{\pi}{2}\right]$.

同样，在区间 $[0,\pi]$ 上，$y=\cos x$ 严格递减，因而是单射. 在 $[0,\pi]$ 上，$y=\cos x$ 有反函数，记为 $\arccos x$.

例 11　求 $\arccos\left(-\dfrac{\sqrt{2}}{2}\right)$，$\arccos 0.5$，$\arccos 0.4$.

解　因为 $\cos\dfrac{3}{4}\pi=-\cos\dfrac{\pi}{4}=-\dfrac{\sqrt{2}}{2}$，所以 $\arccos\left(-\dfrac{\sqrt{2}}{2}\right)=\dfrac{3}{4}\pi$.

因为 $\cos\dfrac{\pi}{3}=0.5$，所以 $\arccos 0.5=\dfrac{\pi}{3}$.

$\arccos 0.4$ 应比 $\dfrac{\pi}{3}$ 大，用计算器可得 $\arccos 0.4\approx 66.42°\approx$

$\dfrac{37}{100}\pi$.

函数 $y = \arccos x$ 的定义域是 $-1 \leqslant x \leqslant 1$, 值域是 $[0, \pi]$. (定义域与 $y = \arcsin x$ 相同, 而值域不同.)

同样, $y = \tan x$, $y = \cot x$ 也都有反函数, 分别记为 $\arctan x$, $\operatorname{arccot} x$, 定义域都是 $(-\infty, +\infty)$. $y = \arctan x$ 的值域是 $\left(-\dfrac{\pi}{2}, \dfrac{\pi}{2}\right)$, $y = \operatorname{arccot} x$ 的值域是 $(0, \pi)$.

例 12　解方程 $\sin x = 0.7$.

解　图 2.16 中, 直线 $y = 0.7$ 与 $y = \sin x$ 相交, 有无穷多个交点. 在 $\left[-\dfrac{\pi}{2}, \dfrac{\pi}{2}\right]$ 中的交点, 横坐标 x 在 $\dfrac{\pi}{6}$ 与 $\dfrac{\pi}{3}$ 之间, 它就是 $x = \arcsin 0.7$. 在 $\left[\dfrac{\pi}{2}, \dfrac{3\pi}{2}\right]$ 中还有一个解是 $\pi - \arcsin 0.7$(因为 $\sin(\pi - \arcsin 0.7) = \sin(\arcsin 0.7) = 0.7$). 在每一个周期(长为 2π 的区间)内, $\sin x = 0.7$ 均有两个解, 全部解为

$$x = n\pi + (-1)^n \arcsin 0.7.$$

一般地, 在 $a \in [-1, 1]$ 时, 方程

$$\sin x = a \tag{2.48}$$

的全部解为

$$x = n\pi + (-1)^n \arcsin a \quad (n \in \mathbf{Z}). \tag{2.49}$$

方程

$$\cos x = a \tag{2.50}$$

的全部解为

$$x = 2n\pi \pm \arccos a \quad (n \in \mathbf{Z}). \tag{2.51}$$

对于任意一实数 a, 方程

$$\tan x = a \tag{2.52}$$

的全部解为

$$x = n\pi + \arctan a. \tag{2.53}$$

方程

$$\cot x = a \tag{2.54}$$

的全部解为

$$x = n\pi + \operatorname{arccot} a. \tag{2.55}$$

第3章 加法定理与倍角公式

3.1 加法定理

已知 α,β 的三角函数值,求 $\alpha+\beta$ 的三角函数值,也就是用 α,β 的三角函数表示 $\alpha+\beta$ 的三角函数.这类结果称为加法定理.最重要的是

$$\sin(\alpha+\beta)=\sin\alpha\cos\beta+\cos\alpha\sin\beta. \tag{3.1}$$

例 1 证明式(3.1)成立.

证明 先设 α,β 都是正的角,并且 $\alpha+\beta<\pi$.

取一个半径为 1 的圆,在这个圆上任取一个点 B,再取点 C,D,使 $\overparen{BC}$ 为 2α(弧度),$\overparen{CD}$ 为 2β(图 3.1).在不含点 C 的 $\overparen{BD}$ 上任取一点 A,则 $\angle BAC=\alpha$,$\angle CAD=\beta$,$\angle BAD=\alpha+\beta$.

由正弦定理

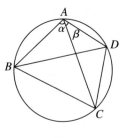

图 3.1

$$BC=2\sin\alpha,\quad CD=2\sin\beta,$$
$$BD=2\sin(\alpha+\beta).$$

又 $\angle CBD=\angle CAD=\beta$,$\angle BDC=\angle BAC=\alpha$,所以在 $\triangle BCD$ 中,有

$$BD=BC\times\cos\beta+CD\times\cos\alpha,$$

即

$$\sin(\alpha+\beta)=\sin\alpha\cos\beta+\cos\alpha\sin\beta.$$

如果 α,β 都是正角,小于 π,但 $\alpha+\beta>\pi$,那么

$$(\pi-\alpha)+(\pi-\beta)<\pi,$$

所以根据上面所证

$$\sin((\pi-\alpha)+(\pi-\beta))$$
$$= \sin(\pi-\alpha)\cos(\pi-\beta) + \sin(\pi-\beta)\cos(\pi-\alpha)$$
$$= -\sin\alpha\cos\beta - \cos\alpha\sin\beta.$$

从而

$$\sin(\alpha+\beta) = -\sin((\pi-\alpha)+(\pi-\beta))$$
$$= \sin\alpha\cos\beta + \cos\alpha\sin\beta.$$

即这时式(3.1)仍成立.

$\alpha+\beta=\pi$ 时,有

$$\sin(\alpha+\beta)=0,$$
$$\sin\alpha\cos\beta + \cos\alpha\sin\beta = \sin\alpha\cos(\pi-\alpha) + \cos\alpha\sin(\pi-\alpha)$$
$$= -\sin\alpha\cos\alpha + \cos\alpha\sin\alpha = 0.$$

式(3.1)也成立.

$\alpha=\pi$ 时,有

$$\sin(\alpha+\beta) = -\sin\beta = \cos\alpha\sin\beta + \sin\alpha\cos\beta.$$

$\alpha=0$ 时,同样式(3.1)成立.

因此,对 $\alpha,\beta\in[0,\pi]$,式(3.1)均成立.

如果 $\beta\in[0,\pi]$,$\alpha\in(\pi,2\pi)$,那么 $\alpha-\pi\in(0,\pi)$,且

$$\sin(\alpha-\pi+\beta) = \sin(\alpha-\pi)\cos\beta + \cos(\alpha-\pi)\sin\beta$$
$$= -\sin\alpha\cos\beta - \cos\alpha\sin\beta,$$

所以式(3.1)成立.

如果 $\alpha,\beta\in(\pi,2\pi)$,那么

$$\sin((\alpha-\pi)+(\beta-\pi)) = \sin(\alpha-\pi)\cos(\beta-\pi) + \cos(\alpha-\pi)\sin(\beta-\pi)$$

$$= \sin \alpha \cos \beta + \cos \alpha \sin \beta.$$

式(3.1)仍成立.

所以对于 $\alpha, \beta \in [0, 2\pi)$,式(3.1)成立.

由周期性,式(3.1)对一切 α, β 均成立.

例 2　求证:

(1) $\sin(\alpha - \beta) = \sin \alpha \cos \beta - \cos \alpha \sin \beta$;　　　　　(3.2)

(2) $\cos(\alpha + \beta) = \cos \alpha \cos \beta - \sin \alpha \sin \beta$;　　　　　(3.3)

(3) $\cos(\alpha - \beta) = \cos \alpha \cos \beta + \sin \alpha \sin \beta$.　　　　　(3.4)

证明　(1) 在式(3.1)中取 β 为 $-\beta$,便有

$$\sin(\alpha - \beta) = \sin \alpha \cos(-\beta) + \cos \alpha \sin(-\beta)$$
$$= \sin \alpha \cos \beta - \cos \alpha \sin \beta.$$

(2) 在式(3.1)中取 β 为 $\frac{\pi}{2} + \beta$,便有

$$\sin\left(\alpha + \frac{\pi}{2} + \beta\right) = \sin \alpha \cos\left(\frac{\pi}{2} + \beta\right) + \cos \alpha \sin\left(\frac{\pi}{2} + \beta\right)$$
$$= \cos \alpha \cos \beta - \sin \alpha \sin \beta,$$

即

$$\cos(\alpha + \beta) = \cos \alpha \cos \beta - \sin \alpha \sin \beta.$$

(3) 在式(3.3)中取 β 为 $-\beta$ 即得.

式(3.1)~式(3.4)均应熟记.注意它们各自的特点,记忆并不困难.注意不要混淆、记错.例如式(3.3)的右边是"$-$"号,而式(3.4)的右边是"$+$"号.这是很自然的,因为余弦是减函数,所以 $\alpha + \beta$ 在 α, β 为锐角时,比 $\alpha - \beta$ 大,但 $\cos(\alpha + \beta)$ 反而比 $\cos(\alpha - \beta)$ 小.

由式(3.1)~式(3.4)不难得出下面积化和差的公式.

例3 求证：

(1) $2\sin\alpha\cos\beta = \sin(\alpha+\beta) + \sin(\alpha-\beta)$;　　　　(3.5)

(2) $2\cos\alpha\sin\beta = \sin(\alpha+\beta) - \sin(\alpha-\beta)$;　　　　(3.6)

(3) $2\cos\alpha\cos\beta = \cos(\alpha+\beta) + \cos(\alpha-\beta)$;　　　　(3.7)

(4) $2\sin\alpha\sin\beta = \cos(\alpha-\beta) - \cos(\alpha+\beta)$.　　　　(3.8)

证明 将式(3.1)和式(3.2)相加即得式(3.5)，其他各式可以同样推出.

式(3.5)～式(3.8)也应熟记，做习题才能得心应手. 式(3.8)是 $\cos(\alpha-\beta)$ 减去 $\cos(\alpha+\beta)$，不要记错.

式(3.5)～式(3.8)是将积化为和或差，下面的例4则是和差化积.

例4 求证：

(1) $\sin\alpha + \sin\beta = 2\sin\dfrac{\alpha+\beta}{2}\cos\dfrac{\alpha-\beta}{2}$;　　　　(3.9)

(2) $\sin\alpha - \sin\beta = 2\sin\dfrac{\alpha-\beta}{2}\cos\dfrac{\alpha+\beta}{2}$;　　　　(3.10)

(3) $\cos\alpha + \cos\beta = 2\cos\dfrac{\alpha+\beta}{2}\cos\dfrac{\alpha-\beta}{2}$;　　　　(3.11)

(4) $\cos\alpha - \cos\beta = -2\sin\dfrac{\alpha+\beta}{2}\sin\dfrac{\alpha-\beta}{2}$.　　　　(3.12)

证明 (1) 令 $x = \dfrac{\alpha+\beta}{2}, y = \dfrac{\alpha-\beta}{2}$，则

$$\alpha = x + y, \quad \beta = x - y.$$

由式(3.5)，得

$$2\sin\frac{\alpha+\beta}{2}\cos\frac{\alpha-\beta}{2} = 2\sin x\cos y = \sin(x+y) + \sin(x-y)$$
$$= \sin\alpha + \sin\beta.$$

(2) 将式(3.9)中 β 换为 $-\beta$ 即得式(3.10).

(3) 与(1)相同,设 $x = \dfrac{\alpha + \beta}{2}, y = \dfrac{\alpha - \beta}{2}$,则

$$2\cos\frac{\alpha + \beta}{2}\cos\frac{\alpha - \beta}{2} = 2\cos x\cos y = \cos(x + y) + \cos(x - y)$$

$$= \cos\alpha + \cos\beta.$$

(4) 将式(3.11)中 β 换为 $\pi - \beta$,得

$$\cos\alpha - \cos\beta = \cos\alpha + \cos(\pi - \beta) = 2\cos\frac{\alpha + \pi - \beta}{2}\cos\frac{\alpha - \pi + \beta}{2}$$

$$= 2\cos\left(\frac{\pi}{2} + \frac{\alpha - \beta}{2}\right)\cos\left(\frac{\alpha + \beta}{2} - \frac{\pi}{2}\right)$$

$$= -2\sin\frac{\alpha + \beta}{2}\sin\frac{\alpha - \beta}{2}.$$

式(3.9)～式(3.12)应当熟记,式(3.12)右边有一负号,需注意.如不喜欢出现负号,可将 $-\sin\dfrac{\alpha - \beta}{2}$ 改为 $\sin\dfrac{\beta - \alpha}{2}$.

例5 在 $\alpha + \beta \neq k\pi + \dfrac{\pi}{2}$($k$ 为整数)时,求证:

$$\tan(\alpha + \beta) = \frac{\tan\alpha + \tan\beta}{1 - \tan\alpha\tan\beta}. \tag{3.13}$$

证明 由式(3.1)和式(3.3),得

$$\tan(\alpha + \beta) = \frac{\sin(\alpha + \beta)}{\cos(\alpha + \beta)} = \frac{\sin\alpha\cos\beta + \cos\alpha\sin\beta}{\cos\alpha\cos\beta - \sin\alpha\sin\beta}$$

$$= \frac{\dfrac{\sin\alpha}{\cos\alpha} + \dfrac{\sin\beta}{\cos\beta}}{1 - \dfrac{\sin\alpha\sin\beta}{\cos\alpha\cos\beta}} = \frac{\tan\alpha + \tan\beta}{1 - \tan\alpha\tan\beta}.$$

类似地,在 $\alpha - \beta \neq k\pi + \dfrac{\pi}{2}$ 时,由式(3.2)和式(3.4)可得

$$\tan(\alpha - \beta) = \frac{\tan \alpha - \tan \beta}{1 + \tan \alpha \tan \beta}. \qquad (3.14)$$

当然式(3.14)也可由式(3.13)中取 β 为 $-\beta$ 而得到.

关于 $\cot(\alpha \pm \beta)$ 也有类似公式,但重要性不及式(3.13)和式(3.14),更不及式(3.1)~式(3.12).

例 6　解方程:$\sin x + \cos x = \dfrac{\sqrt{2}}{2}$.

解

$$\sin x + \cos x = \sin x + \sin\left(\frac{\pi}{2} - x\right) = 2\sin \frac{\pi}{4}\cos\left(x - \frac{\pi}{4}\right)$$

$$= \sqrt{2}\cos\left(x - \frac{\pi}{4}\right). \qquad (3.15)$$

所以原方程即

$$\sqrt{2}\cos\left(x - \frac{\pi}{4}\right) = \frac{\sqrt{2}}{2} \quad \Leftrightarrow \quad \cos\left(x - \frac{\pi}{4}\right) = \frac{1}{2}$$

$$\Leftrightarrow \quad x - \frac{\pi}{4} = 2n\pi \pm \frac{\pi}{3} \quad (n \in \mathbf{Z})$$

$$\Leftrightarrow \quad x = 2n\pi + \frac{7}{12}\pi \text{ 或 } 2n\pi - \frac{\pi}{12} \quad (n \in \mathbf{Z}).$$

3.2　倍　角　公　式

在公式 $\sin(\alpha + \beta) = \sin \alpha \cos \beta + \cos \alpha \sin \beta$ 中,令 $\beta = \alpha$,便得到

$$\sin 2\alpha = 2\sin \alpha \cos \alpha. \qquad (3.16)$$

式(3.16)称为正弦的二倍角公式.

类似地,在公式 $\cos(\alpha + \beta) = \cos \alpha \cos \beta - \sin \alpha \sin \beta$ 中,令

$\beta = \alpha$,得

$$\cos 2\alpha = \cos^2 \alpha - \sin^2 \alpha. \tag{3.17}$$

因为 $\cos^2 \alpha + \sin^2 \alpha = 1$,所以式(3.17)也可以写成

$$\cos 2\alpha = 2\cos^2 \alpha - 1 \tag{3.18}$$

或

$$\cos 2\alpha = 1 - 2\sin^2 \alpha. \tag{3.19}$$

式(3.17)～式(3.19)的三种形式都称为余弦的二倍角公式.

在式(3.13)中,令 $\beta = \alpha$,得到 $\alpha \neq k\pi \pm \dfrac{\pi}{4}$($k$ 为整数)时,有

$$\tan 2\alpha = \frac{2\tan \alpha}{1 - \tan^2 \alpha}. \tag{3.20}$$

例 7　求证:

(1) $\sin 3\alpha = 3\sin \alpha - 4\sin^3 \alpha$; \hfill (3.21)

(2) $\cos 3\alpha = 4\cos^3 \alpha - 3\cos \alpha$. \hfill (3.22)

证明　(1)

$$\begin{aligned}
\sin 3\alpha &= \sin(2\alpha + \alpha) = \sin 2\alpha\cos \alpha + \cos 2\alpha\sin \alpha \\
&= 2\sin \alpha\cos^2 \alpha + (1 - 2\sin^2 \alpha)\sin \alpha \\
&= (2\sin \alpha - 2\sin^3 \alpha) + (\sin \alpha - 2\sin^3 \alpha) \\
&= 3\sin \alpha - 4\sin^3 \alpha.
\end{aligned}$$

(2) 可用与(1)类似的方法得出或者在式(3.21)中将 α 换成 $\alpha - \dfrac{\pi}{2}$.

例 8　求 $\sin 18°, \cos 18°, \sin 54°, \cos 54°$.

解　设 $\alpha = 18°$,则 $5\alpha = 90°$,所以

$$2\alpha = 90° - 3\alpha,$$

$$\sin 2\alpha = \sin(90° - 3\alpha) = \cos 3\alpha,$$

即

$$2\sin \alpha\cos \alpha = 4\cos^3 \alpha - 3\cos \alpha,$$

两边同时除以 $\cos \alpha$ 得

$$2\sin \alpha = 4\cos^2 \alpha - 3 = 4(1 - \sin^2 \alpha) - 3,$$

所以

$$4\sin^2 \alpha + 2\sin \alpha - 1 = 0$$

$$\Leftrightarrow \quad \sin \alpha = \frac{-2 \pm \sqrt{4 + 16}}{8} = \frac{-1 \pm \sqrt{5}}{4}.$$

因为 $18°$ 是锐角，$\sin 18° > 0$，所以上面的根号前只取正号，即

$$\sin 18° = \frac{\sqrt{5} - 1}{4}, \tag{3.23}$$

$$\cos 18° = \sqrt{1 - \sin^2 18°} = \sqrt{1 - \frac{6 - 2\sqrt{5}}{16}} = \frac{\sqrt{10 + 2\sqrt{5}}}{4}, \tag{3.24}$$

$$\sin 54° = \cos 36° = 1 - 2\sin^2 18° = 1 - \frac{2(6 - 2\sqrt{5})}{16} = \frac{\sqrt{5} + 1}{4}, \tag{3.25}$$

$$\cos 54° = \sqrt{1 - \sin^2 54°} = \sqrt{1 - \frac{6 + 2\sqrt{5}}{16}} = \frac{\sqrt{10 - 2\sqrt{5}}}{4}. \tag{3.26}$$

例 9　证明：

(1) $\sin \dfrac{\alpha}{2} = \pm\sqrt{\dfrac{1 - \cos \alpha}{2}};$ $\tag{3.27}$

(2) $\cos \dfrac{\alpha}{2} = \pm\sqrt{\dfrac{1 + \cos \alpha}{2}};$ $\tag{3.28}$

(3) $\tan \dfrac{\alpha}{2} = \dfrac{1 - \cos \alpha}{\sin \alpha} = \dfrac{\sin \alpha}{1 + \cos \alpha}.$ $\tag{3.29}$

证明　(1) 因为

$$\cos \alpha = \cos\left(2 \cdot \frac{\alpha}{2}\right) = 2\cos^2 \frac{\alpha}{2} - 1 = 1 - 2\sin^2 \frac{\alpha}{2},$$

所以

$$\sin^2 \frac{\alpha}{2} = \frac{1 - \cos \alpha}{2} \quad \Leftrightarrow \quad \sin \frac{\alpha}{2} = \pm\sqrt{\frac{1 - \cos \alpha}{2}}.$$

根号前"＋"号或"－"号均有可能取到,需根据$\frac{\alpha}{2}$的值而定.

(2) 同样得(2).

(3) 式(3.28)不能由式(3.27)和式(3.28)直接推出,因为根号前的符号难以确定. 我们有

$$\tan \frac{\alpha}{2} = \frac{\sin \frac{\alpha}{2}}{\cos \frac{\alpha}{2}} = \frac{2\sin^2 \frac{\alpha}{2}}{2\sin \frac{\alpha}{2} \cos \frac{\alpha}{2}} = \frac{1 - \cos \alpha}{\sin \alpha}$$

$$= \frac{2\sin \frac{\alpha}{2} \cos \frac{\alpha}{2}}{2\cos^2 \frac{\alpha}{2}} = \frac{\sin \alpha}{1 + \cos \alpha}.$$

式(3.27)～式(3.29)称为半角公式,有趣的是 $\tan \frac{\alpha}{2}$ 的公式中没有出现根号.

例 10　求 $\sin \frac{\pi}{8}, \sin \frac{\pi}{12}$(即 $\sin 22.5°, \sin 15°$).

解

$$\sin \frac{\pi}{8} = \sqrt{\frac{1 - \cos \frac{\pi}{4}}{2}} = \sqrt{\frac{1 - \frac{\sqrt{2}}{2}}{2}} = \frac{\sqrt{2 - \sqrt{2}}}{2}, \quad (3.30)$$

$$\sin \frac{\pi}{12} = \sqrt{\frac{1 - \cos \frac{\pi}{6}}{2}} = \sqrt{\frac{1 - \frac{\sqrt{3}}{2}}{2}} = \frac{\sqrt{2 - \sqrt{3}}}{2}. \quad (3.31)$$

因为

$$\sqrt{2-\sqrt{3}} = \sqrt{\frac{4-2\sqrt{3}}{2}} = \sqrt{\frac{(\sqrt{3}-1)^2}{2}} = \frac{\sqrt{3}-1}{\sqrt{2}} = \frac{\sqrt{6}-\sqrt{2}}{2},$$

所以

$$\sin\frac{\pi}{12} = \frac{\sqrt{6}-\sqrt{2}}{4}. \tag{3.32}$$

式(3.31)中二重根号可以化成只有一重根号,式(3.30)却无法化.

同样,可得

$$\cos\frac{\pi}{8} = \frac{\sqrt{2+\sqrt{2}}}{2}, \tag{3.33}$$

$$\cos\frac{\pi}{12} = \frac{\sqrt{6}+\sqrt{2}}{4}. \tag{3.34}$$

第 4 章　三角恒等式的证明

三角恒等式的证明在不少杂志中都有文章讨论,但仍有不少学生对三角恒等式的证明感到困难.原因有以下几个:

第一,初中数学教材本应有代数恒等式的证明,但现行教材基本取消.于是三角恒等式的证明缺少相应的基础.

第二,三角公式不熟.

第三,过于强调特别的技巧,常用的方法反而讲解不够清楚、详细.

本章强调三角恒等式证明的常用方法.

例 1　求证:

$$\tan \alpha - \cot \alpha = \frac{1 - 2\cos^2 \alpha}{\sin \alpha \cos \alpha}. \tag{4.1}$$

证明　式(4.1)中有切(正切、余切),也有弦(正弦、余弦).应当将弦化为切,还是将切化为弦呢?

我们认为:应当毫不犹豫地将切化为弦,必须将切化为弦(很少例外).因为弦的公式远比切的公式多,便于应用.弦的公式较为对称、美观(切的公式不太对称).多数情况下,切化为弦后,解法简单、自然.

将切化为弦,就是三角恒等式证明的最普通、最常用的方法.

$$\text{式(4.1) 左边} = \frac{\sin \alpha}{\cos \alpha} - \frac{\cos \alpha}{\sin \alpha} = \frac{\sin^2 \alpha - \cos^2 \alpha}{\cos \alpha \sin \alpha}$$

$$= \frac{(1 - \cos^2\alpha) - \cos^2\alpha}{\cos\alpha\sin\alpha} = \text{右边}.$$

上面的解法并无特殊技巧,完全"平铺直叙",直接朝着目标前进.如果从右边往左边化,则需要种种"技巧",较难驾驭.我们应当着重介绍这种"无技巧"的方法,使一般学生也能掌握.其实,这种"无技巧"正是极高的技巧.能使学生在不觉得有什么技巧、有什么困难的状态下,掌握这种朴实无华的技巧,正是一位高明的数学教师的绝高的技巧.

例 2　求证:

$$\frac{\sin(A + B) + \sin(A - B)}{\sin(A + B) - \sin(A - B)} = \frac{\tan A}{\tan B}. \tag{4.2}$$

证明　还是化切为弦:

$$\text{右边} = \frac{\sin A \cos B}{\cos A \sin B} = \frac{2\sin A \cos B}{2\cos A \sin B}$$

$$= \frac{\sin(A + B) + \sin(A - B)}{\sin(A + B) - \sin(A - B)} = \text{左边}.$$

本题简单,从左边化到右边亦无不可.

例 3　求证:

$$\frac{\sin A + \sin 2A + \sin 3A}{\cos A + \cos 2A + \cos 3A} = \tan 2A. \tag{4.3}$$

更一般地

$$\frac{\sin A + \sin 2A + \cdots + \sin nA}{\cos A + \cos 2A + \cdots + \cos nA} = \tan\frac{n+1}{2}A. \tag{4.4}$$

证明　左边(尤其是式(4.4))远比右边复杂.当然要将左边化简(应当化繁为简,而不是化简为繁).

看到左边分子(或分母)的求和,应当联想到伟大的高斯(Gauss),他在计算

$$1 + 2 + \cdots + 100$$

时,并不是按照从左到右的顺序逐项相加,而是将 1 与 100(首项与末项)相加,2 与 99 相加……现在也是如此.

$$\sin A + \sin 3A = 2\sin 2A\cos A,$$

所以式(4.3)左边分子为

$$\sin 2A(2\cos A + 1). \tag{4.5}$$

同样,式(4.3)左边分母为

$$\cos 2A(2\cos A + 1). \tag{4.6}$$

由式(4.5)和式(4.6)得

$$式(4.3)左边 = \frac{\sin 2A}{\cos 2A} = \tan 2A = 右边. \tag{4.7}$$

一般地,式(4.4)也是如此:

$$\sin kA + \sin(n+1-k)A = 2\sin \frac{n+1}{2}A\cos \frac{n+1-2k}{2}A$$

$$(1 \leqslant k \leqslant \frac{n+1}{2}),$$

$$\tag{4.8}$$

所以式(4.4)左边分子为

$$2\sin \frac{n+1}{2}A\left(\cos \frac{n+1-2}{2}A + \cos \frac{n+1-4}{2}A + \cdots\right). \tag{4.9}$$

在 n 为奇数时,括号中最后一项为 1;在 n 为偶数时,括号中最后一项为 $\cos \frac{A}{2}$.

同理,式(4.4)左边分母为

$$2\cos \frac{n+1}{2}A\left(\cos \frac{n+1-2}{2}A + \cos \frac{n+1-4}{2}A + \cdots\right). \tag{4.10}$$

由式(4.9)和式(4.10)得

$$\text{式(4.4)左边} = \frac{\sin\dfrac{n+1}{2}A}{\cos\dfrac{n+1}{2}A} = \tan\frac{n+1}{2}A = \text{右边}. \quad (4.11)$$

因为式(4.3)和式(4.4)右边形状简单,所以重点放在左边的变形.右边的"切化弦"虽未在纸面上进行,但心中不妨默默地化一下,从而知道左边的分子应当有因式 $\sin 2A$（或 $\sin\dfrac{n+1}{2}A$）,分母应当有因式 $\cos 2A$（或 $\cos\dfrac{n+1}{2}A$）,并且分子与分母的其他因式相同,正好约去.

例 4　求证：

$$\cos^2 A + \cos^2(60° - A) + \cos^2(60° + A) = \frac{3}{2}. \quad (4.12)$$

证明　在出现方幂时,应当"降次",即用倍角公式将式(4.12)左边的 2 次式化成低于 2 次的,成为

$$\frac{1+\cos 2A}{2} + \frac{1+\cos(120° - 2A)}{2} + \frac{1+\cos(120° + 2A)}{2}. \quad (4.13)$$

式(4.13)中已经出现 $\dfrac{1}{2} + \dfrac{1}{2} + \dfrac{1}{2} = \dfrac{3}{2}$,所以只需证明

$$\cos 2A + \cos(120° - 2A) + \cos(120° + 2A) = 0. \quad (4.14)$$

应当将"复合的角"$120° + 2A$,$120° - 2A$ 化为"简单的、基本的角"$2A$,即由和差化积

$$\cos(120° - 2A) + \cos(120° + 2A) = 2\cos 120°\cos 2A = -\cos 2A, \quad (4.15)$$

从而式(4.14)成立.

本题也可以先将式(4.12)左边 $60° \pm A$ 的三角函数化为 A 的三角函数,即

$$
\begin{aligned}
\text{式(4.12)左边} &= \cos^2 A + (\cos 60°\cos A + \sin 60°\sin A)^2 \\
&\quad + (\cos 60°\cos A - \sin 60°\sin A)^2 \\
&= \cos^2 A + 2(\cos^2 60°\cos^2 A + \sin^2 60°\sin^2 A) \\
&= \cos^2 A + \left(\frac{1}{2}\cos^2 A + \frac{3}{2}\sin^2 A\right) \\
&= \frac{3}{2} = \text{右边}.
\end{aligned}
$$

总之,"条条道路通罗马".一道三角题,只要做对,就应当肯定,然后再分析解法的简繁、优劣,加以改进.在"思路受阻"时,不要轻易放弃.教师在学生遇到困难时,更应给予适当指导,帮助他们克服或绕过困难,将证明完成.这种指导,应当尽可能地顺着学生的思路发展,利用他已经做出的部分;不要完全推倒重来,全盘否定,将自己的解法强加于学生.即使学生的思路完全不对,也要分析错在哪里,为什么不对,以便今后改进.

例 5　求证:

$$
\frac{\sqrt{1 - 2\sin 10°\cos 10°}}{\cos 10° - \sqrt{1 - \cos^2 170°}} = 1. \tag{4.16}
$$

证明　当然是化简左边.关键是如何将根号下的式子"开出来".显然分母中

$$
\sqrt{1 - \cos^2 170°} = \sqrt{\sin^2 170°} = \sin 170° = \sin 10°. \tag{4.17}
$$

分子则需要一个常用技巧:将 1 变为 $\sin^2 10° + \cos^2 10°$(一般地,$1 = \sin^2 \alpha + \cos^2 \alpha$),所以

$$
\sqrt{1 - 2\sin 10°\cos 10°} = \sqrt{\sin^2 10° - 2\sin 10°\cos 10° + \cos^2 10°}
$$

$$= \sqrt{(\sin 10° - \cos 10°)^2}$$

$$= \cos 10° - \sin 10°. \qquad (4.18)$$

开方时要注意取算术根. 因为 $\cos 10° = \sin 80° > \sin 10°$, 所以 $(\sin 10° - \cos 10°)^2$ 的算术平方根是 $\cos 10° - \sin 10°$, 不是 $\sin 10° - \cos 10°$.

由式(4.17)和式(4.18)即得结论.

例 6　求 $\sin^2 20° + \sin^2 10° + \sqrt{3} \sin 20° \cos 80°$ 的值.

解　求值问题比恒等式的证明稍难, 因为事先不知道结果是什么. 但做法大致相同.

本题应当降次, $\sin^2 20°$, $\sin^2 10°$ 都算二次, $\sin 20° \cos 80°$ 也算二次, 应当积化和差, "降" 为一次, 即

$$原式 = \frac{1 - \cos 40°}{2} + \frac{1 - \cos 20°}{2} + \frac{\sqrt{3}}{2}(\sin 100° - \sin 60°)$$

$$= 1 - \frac{1}{2}(\cos 40° + \cos 20°) + \frac{\sqrt{3}}{2}\cos 10° - \frac{3}{4}$$

$$= 1 - \cos 30° \cos 10° + \frac{\sqrt{3}}{2}\cos 10° - \frac{3}{4}$$

$$= \frac{1}{4}. \qquad (4.19)$$

第 8 章例 3 中有另一种解法.

在恒等变形中, 应尽量利用特殊角, 如式(4.19)中出现的 $30°$, $60°$. 这也是一个重要的、值得注意的原则.

例 7　求 $\dfrac{2\cos 10° - \sin 20°}{\cos 20°}$ 的值.

解　这道题看似简单, 却比以上六题困难得多. 因为它并无固定的方法可套, 需要自己去探索. 本题应当属于竞赛题. 在初

学阶段不必勉强做这道题.教师也不应过早地要求学生会解这样的题,以免挫伤他们学习的信心.

当然这道题的解法也很多.

一种解法是看出 $\sin 20°$ 的系数 1 可以变为 $2\sin 30°$,于是

$$\text{原式分子} = 2\cos 10° - 2\sin 30°\sin 20°$$
$$= 2\cos 10° - (\cos 10° - \cos 50°)$$
$$= \cos 10° + \cos 50° = 2\cos 30°\cos 20°$$
$$= \sqrt{3}\cos 20°. \tag{4.20}$$

从而原式 $= \sqrt{3}$.

一位学生将 $\sin 20°$ 变为 $2\sin 10°\cos 10°$,再提出公因式 $2\cos 10°$.有人认为"此路不通".其实"此路可通",虽然稍繁,但不失为一种解法:

$$\text{原式} = \frac{2\cos 10°(1 - \sin 10°)}{\cos 20°}$$
$$= \frac{2\cos 10°(1 - \cos 80°)}{\cos 20°} = \frac{2\cos 10° \cdot 2\sin^2 40°}{\cos 20°}$$
$$= \frac{2\cos 10° \cdot 2\sin 40° \cdot 2\sin 20°\cos 20°}{\cos 20°}$$

（先尽量和差化积,目的在于约去分母）

$$= 8\cos 10°\sin 20°\sin 40° = 4\cos 10°(\cos 20° - \cos 60°)$$
$$= 4\cos 10°\cos 20° - 2\cos 10°$$
$$= 2(\cos 30° + \cos 10°) - 2\cos 10° = 2\cos 30° = \sqrt{3}.$$

约去分母 $\cos 20°$ 是很大的进展.约去后,若将 $2\cos 10°\sin 20°$ 积化和差也可达到同样的效果.本例中 $30°$ 和 $60°$ 等特殊角很起作用.

三角不等式在第 6 章还要讨论.这里先举一个例子,以资说明.其中大小的感觉特别重要.

例 8 求证:

$$\sin^2\alpha - \sin^2\beta = \sin(\alpha + \beta)\sin(\alpha - \beta).\quad(4.21)$$

证明

$$左边 = (\sin\alpha + \sin\beta)(\sin\alpha - \sin\beta)$$

$$= 2\sin\frac{\alpha+\beta}{2}\cos\frac{\alpha-\beta}{2} \times 2\sin\frac{\alpha-\beta}{2}\cos\frac{\alpha+\beta}{2}$$

$$= 2\sin\frac{\alpha+\beta}{2}\cos\frac{\alpha+\beta}{2} \times 2\sin\frac{\alpha-\beta}{2}\cos\frac{\alpha-\beta}{2}$$

$$= \sin(\alpha+\beta)\sin(\alpha-\beta).$$

同样,可以证明

$$\sin^2\alpha - \cos^2\beta = -\cos(\alpha + \beta)\cos(\alpha - \beta).\quad(4.22)$$

例 9 求证:

$$2\sin^4 x + 3\sin^2 x\cos^2 x + 5\cos^4 x \leqslant 5.\quad(4.23)$$

证明 因 $2+3=5$,$\sin^2 x + \cos^2 x = 1$,而 $|\sin x|$,$|\cos x| \leqslant 1$,所以式(4.23)左边 $\leqslant 2\sin^2 x + 3\sin^2 x + 5\cos^2 x$

$$= 5(\sin^2 x + \cos^2 x) = 5 = 右边.$$

本题这么简单,却有人发表了一个冗长的解法,还声称若不用他的解法,"证明非常困难",这表明有些中学数学教师的数学感觉实在不是太好,需要加强解题训练.

本章通过以上例题,介绍了一些证明三角恒等式的基本方法:切化为弦,"复合角"化为"基本角",降低次数,利用特殊角,$1 = \sin^2\alpha + \cos^2\alpha = 2\sin 30°$,等等.这些方法都是普通、平常,容易仿效、操作的.可以说是"粗茶淡饭"(仅有 1 的变化略显技巧).学习时首先需要的是这样的"粗茶淡饭",而不是"山珍海味".也就是说更需要的是基本的问题与基本的方法.

在后面的习题部分,有更多的习题可供练习.

第 5 章　三角与几何

几何问题,应尽量用几何方法解决.在几何方法不易想到或者过程很复杂时,可以考虑利用三角方法.

三角方法,可以通过计算(恒等变形),直接得出一些量的大小或者量与量之间的关系,有助于问题的解决.但也需要有整体的考虑,有一个尽可能细致的计划.

计划应当简明.明,就是明了.知道应当走哪几步,每一步的目的是什么,应当如何进行.简,就是简单,不要太复杂.如果很复杂,很艰难,多半已经走上错误的道路,需要尽早回头,重新拟订计划,绝不要坚持这条道走到黑.及时修改计划,正是智慧的体现.

例 1　已知 $\triangle ABC$ 中 $\angle BAC$ 的角平分线交 BC 于点 D(图 5.1).

(1) 证明: $\dfrac{BD}{DC} = \dfrac{AB}{AC}$;

(2) 设三边长分别为 a, b, c ,求 BD, DC .

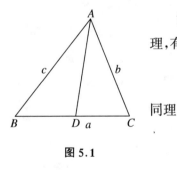

图 5.1

解　(1) 在 $\triangle ABD$ 中,由正弦定理,有

$$\frac{BD}{\sin\angle BAD} = \frac{AB}{\sin\angle ADB}. \quad (5.1)$$

同理

$$\frac{DC}{\sin\angle DAC} = \frac{AC}{\sin\angle ADC}. \quad (5.2)$$

因为 $\angle BAD = \angle DAC$, $\angle ADC = 180^\circ - \angle ADB$, 所以

$\sin\angle DAC = \sin\angle BAD$, $\quad \sin\angle ADC = \sin\angle ADB$.

再由式(5.1)和式(5.2),得

$$\frac{BD}{DC} = \frac{AB}{AC}.$$

(2) 由(1)的结论得 $\dfrac{BD}{BC} = \dfrac{AB}{AB+AC}$, 所以

$$BD = \frac{ac}{b+c}. \tag{5.3}$$

同理

$$DC = \frac{ab}{b+c}. \tag{5.4}$$

评注　如果 $\angle BAC$ 的外角平分线交直线 BC 于点 D, 同样有

$$\frac{BD}{CD} = \frac{AB}{AC},$$

及

$$BD = \frac{ac}{|b-c|}, \tag{5.5}$$

$$CD = \frac{ab}{|b-c|}. \tag{5.6}$$

例 2　已知 $\triangle ABC$ 的三边分别为 a, b, c. 求它的面积 $\triangle$.

解　BC 边上的高为 $b\sin C$, 所以

$$\triangle = \frac{1}{2} ab\sin C. \tag{5.7}$$

由余弦定理,有

$$\cos C = \frac{a^2 + b^2 - c^2}{2ab},$$

所以

$$\sin C = \sqrt{1 - \cos^2 C} = \frac{1}{2ab} \sqrt{(2ab)^2 - (a^2 + b^2 - c^2)^2}$$

$$= \frac{1}{2ab} \sqrt{(2ab + a^2 + b^2 - c^2)(c^2 + 2ab - a^2 - b^2)}$$

$$= \frac{1}{2ab} \sqrt{((a+b)^2 - c^2)(c^2 - (a-b)^2)}$$

$$= \frac{1}{2ab} \sqrt{(a+b+c)(a+b-c)(c+a-b)(c-a+b)}$$

$$= \frac{2}{ab} \sqrt{s(s-a)(s-b)(s-c)}, \tag{5.8}$$

其中 $s = \dfrac{a+b+c}{2}$ 是半周长(周长的一半).

由式(5.7)和式(5.8),得

$$\Delta = \sqrt{s(s-a)(s-b)(s-c)}. \tag{5.9}$$

式(5.9)通常称为海伦(Heron)公式.

例 3　条件同例2,求外接圆半径 R.

解

$$\Delta = \frac{1}{2} ab \sin C = \frac{1}{2} ab \cdot \frac{c}{2R} = \frac{abc}{4R}, \tag{5.10}$$

所以

$$R = \frac{abc}{4\Delta}. \tag{5.11}$$

例 4　已知△ABC 的三边分别为 a,b,c. 求∠BAC 的角平分线 AD 的长 t(D 是角平分线与 BC 的交点).

解　设角平分线 AD 延长后交△ABC 的外接圆于点 E(图 5.2).记 $x = DE$,则

$$x \cdot t = BD \times DC = \frac{ac}{b+c} \times \frac{ab}{b+c}$$

$$= \frac{a^2 bc}{(b+c)^2}, \qquad (5.12)$$

又

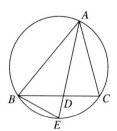

图 5.2

$$\angle AEB = C, \quad \angle BAE = \angle DAC,$$

所以 $\triangle AEB \backsim \triangle ACD$，$AB \times AC = AD \times AE$，即

$$(x + t)t = bc. \qquad (5.13)$$

式(5.13) - 式(5.12)，得

$$t^2 = bc - \frac{a^2 bc}{(b+c)^2} = \frac{bc}{(b+c)^2} \cdot ((b+c)^2 - a^2)$$

$$= \frac{bc(b+c+a)(b+c-a)}{(b+c)^2},$$

$$t = \frac{\sqrt{bc(a+b+c)(b+c-a)}}{b+c} = \frac{2}{b+c}\sqrt{bcs(s-a)}, \qquad (5.14)$$

其中 $s = \dfrac{a+b+c}{2}$ 为半周长(周长的一半).

例5 条件同例2.求 $\angle BAC$ 的外角平分线 AD 的长 t'(D 是外角平分线与直线 BC 的交点).

解 如果 $B = C$，那么 $\angle BAC$ 的外角平分线与 BC 平行，没有交点.因此，我们设 $B \neq C$，不妨设 $B < C$.

因为 $\dfrac{1}{2}(B+C) > B$，所以 AD 与 BC 相交于 BC 的延长线上，而不是 CB 的延长线上(图 5.3).

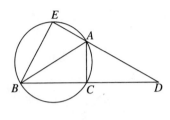

又设直线 AD 交外接圆于点 E. 因为 $C > \dfrac{1}{2}(B+C)$, 所以 $\overset{\frown}{AB} > \overset{\frown}{AC}$, 点 E 在 $\overset{\frown}{AB}$ 上 (图 5.3).

图 5.3

与例 4 几乎完全相同, 记 $DE = x$, 则

$$x \cdot t' = DB \times DC = \frac{ac}{c-b} \times \frac{ab}{c-b} = \frac{a^2 bc}{(c-b)^2}, \quad (5.15)$$

$$(x - t') t' = bc, \qquad\qquad\qquad\qquad (5.16)$$

所以

$$t'^2 = \frac{a^2 bc}{(c-b)^2} - bc = \frac{bc(a^2 - (c-b)^2)}{(c-b)^2},$$
$$t' = \frac{2}{|c-b|} \sqrt{bc(s-b)(s-c)}. \qquad (5.17)$$

例 6　已知 $\triangle ABC$ 中, 三边长分别为 a, b, c, 点 D 在 BC 上 (图 5.4), $BD : DC = \lambda : \mu, \lambda + \mu = 1$. 求 AD 的长 d.

解　在 $\triangle ADB$ 中, 由余弦定理, 有

$$d^2 + (\lambda a)^2 - 2(\lambda a) d \cos\angle ADB = c^2. \qquad (5.18)$$

同理

$$d^2 + (\mu a)^2 + 2(\mu a) d \cos\angle ADC = b^2. \qquad (5.19)$$

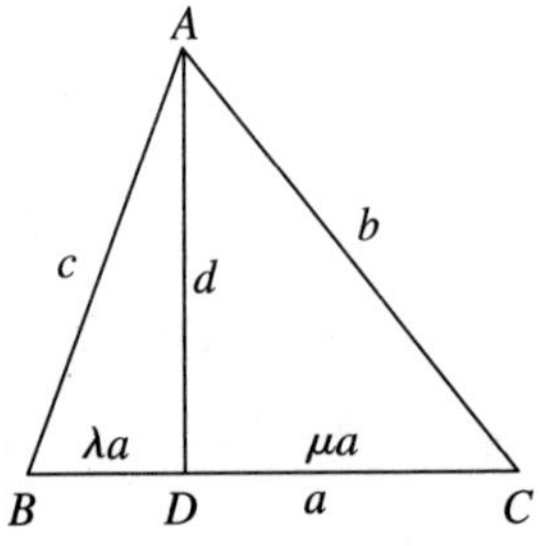

$\mu \cdot$ 式 (5.18) $+ \lambda \cdot$ 式 (5.19), 得

$$d^2 + \lambda\mu a^2 = \mu c^2 + \lambda b^2,$$

所以

$$d^2 = \mu c^2 + \lambda b^2 - \lambda\mu a^2, \qquad (5.20)$$

图 5.4

$$d = \sqrt{\mu c^2 + \lambda b^2 - \lambda \mu a^2}.$$

在 $\lambda = \mu = \dfrac{1}{2}$ 时,得到中线公式

$$m^2 = \frac{1}{4}(2b^2 + 2c^2 - a^2), \tag{5.21}$$

其中 m 表示 BC 边上的中线长.

当点 D 在线段 BC 之外时,式(5.20)仍适用,只需注意这时 BD 或 DC 是负值(即 λ 或 μ 为负值).

本题的结论(式(5.20))称为斯图尔特(Stewart)定理.

例 7　已知 $\triangle ABC$ 中,A_0 是边 BC 的中点,内切圆切边 BC 于点 D.以点 A_0 为圆心,A_0D 为半径作 $\odot A_0$,类似地作其他两个圆 $\odot B_0$,$\odot C_0$.证明:若 $\odot A_0$ 与 $\triangle ABC$ 的外接圆相切,则其他两个圆中有一个也与外接圆相切.

证明　设 $\triangle ABC$ 三边分别为 a,b,c,并且 $c > b$,则

$$DC = s - c = \frac{a + b - c}{2},$$

$$A_0D = A_0C - DC = \frac{a}{2} - \frac{a + b - c}{2} = \frac{1}{2}(c - b).$$

设外心为点 O.因为 $OA_0 = R\cos A$,所以 $\odot A_0$ 与 $\odot O$ 相切时,有

$$R - R\cos A = \frac{1}{2}(c - b). \tag{5.22}$$

由正弦定理,式(5.22)即

$$1 - \cos A = \sin C - \sin B, \tag{5.23}$$

和差化积得

$$2\sin^2 \frac{A}{2} = 2\sin \frac{C - B}{2}\cos \frac{C + B}{2} = 2\sin \frac{C - B}{2}\sin \frac{A}{2},$$

约去 $2\sin\dfrac{A}{2}$ 得

$$\sin\frac{A}{2} = \sin\frac{C-B}{2}, \tag{5.24}$$

$\dfrac{A}{2}$ 是锐角,$\dfrac{C-B}{2}$ 也是锐角,所以由式(5.24)得

$$\frac{A}{2} = \frac{C-B}{2},$$

即

$$C = A + B, \tag{5.25}$$

从而 $C = 90°$,$\triangle ABC$ 是直角三角形.

由于式(5.25)中 A,B 对称,所以由式(5.25)逆推同样可得

$$R - R\cos B = \frac{1}{2}(c-a),$$

即 $\odot B_0$ 与 $\odot O$ 相切.

评注　开始可画一草图进行推理.最后才发现 $\triangle ABC$ 是直角三角形.

本题是利用三角证几何题的一个好例子:用三角简单明快.

例8　$\triangle ABC$ 中,$C = 90°$,$B > A$,三边长分别为 a,b,c,AB 的中点为 E,内心为 I.求证:$EI \perp BI$ 的充分必要条件是 $a : b : c = 3 : 4 : 5$.

证明　设 $\odot I$ 切 AB 于点 M,切 BC 于点 N,则 $IM = IN = CN = s - c$.

如果 $EI \perp BI$,那么由射影定理,有

$$IM^2 = BM \times ME, \tag{5.26}$$

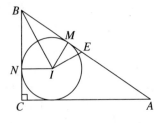

图 5.5

其中 $BM = s - b, ME = \dfrac{c}{2} - (s - b) = \dfrac{b - a}{2}$,式(5.26)成为

$$(s - c)^2 = (s - b) \times \frac{b - a}{2}, \tag{5.27}$$

即

$$(a + b - c)^2 = (b - a)(a + c - b), \tag{5.28}$$

化简得(利用 $a^2 + b^2 = c^2$)

$$3(c - b) = a. \tag{5.29}$$

用 $c^2 - b^2 = a^2$ 除以式(5.29)得

$$c + b = 3a. \tag{5.30}$$

由式(5.29)和式(5.30)得

$$c = \frac{5}{3}a, \quad b = \frac{4}{3}a,$$

即 $a : b : c = 3 : 4 : 5$.

反过来,如果 $a : b : c = 3 : 4 : 5$,那么不妨设 $a = 3, b = 4, c = 5$,则 $IM = s - c = 1, BM = s - b = 2, ME = \dfrac{b - a}{2} = \dfrac{1}{2}$,所以式(5.26)成立,$EI \perp BI$.

评注 本题其实只是计算,并无三角.不过事先我们并不能确定这一点(本书选自田廷彦的《三角与几何》,他那里用了不少三角).我们当然不必为三角而三角.

例9 已知 $BC \perp CD$,点 A 为 BD 中点,点 Q 在 BC 上,$AC = CQ$.点 R 在 BQ 上,$BR = 2RQ$.点 S 在 CQ 上,$QS = RQ$(图5.6).求证:$\angle ASB = 2\angle DRC$.

证明 设 $Rt\triangle BCD$ 的边 $BC = a, CD = b, DB = c$,则斜边中线

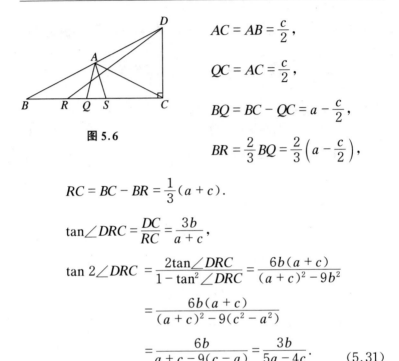

图 5.6

$$AC = AB = \frac{c}{2},$$

$$QC = AC = \frac{c}{2},$$

$$BQ = BC - QC = a - \frac{c}{2},$$

$$BR = \frac{2}{3}BQ = \frac{2}{3}\left(a - \frac{c}{2}\right),$$

$$RC = BC - BR = \frac{1}{3}(a + c).$$

$$\tan\angle DRC = \frac{DC}{RC} = \frac{3b}{a+c},$$

$$\begin{aligned}
\tan 2\angle DRC &= \frac{2\tan\angle DRC}{1 - \tan^2\angle DRC} = \frac{6b(a+c)}{(a+c)^2 - 9b^2} \\
&= \frac{6b(a+c)}{(a+c)^2 - 9(c^2 - a^2)} \\
&= \frac{6b}{a + c - 9(c - a)} = \frac{3b}{5a - 4c}. \quad (5.31)
\end{aligned}$$

过点 A 作 BC 的垂线,垂足为 M.因为 A 为 BD 的中点,所以

$$AM = \frac{1}{2}DC = \frac{b}{2},$$

并且 M 是 BC 的中点.

$$BS = BQ + RQ = \frac{4}{3}BQ = \frac{4}{3}\left(a - \frac{c}{2}\right),$$

$$MS = BS - BM = \frac{4}{3}\left(a - \frac{c}{2}\right) - \frac{a}{2} = \frac{1}{6}(5a - 4c), \quad (5.32)$$

$$\tan\angle ASB = \frac{AM}{MS} = \frac{3b}{5a - 4c}. \quad (5.33)$$

正切函数在 $(0, 90°) \bigcup (90°, 180°)$ 上是单射($\angle DRC <$

$\angle DCR = 90°$,所以 $0° < 2\angle DRC, \angle ASB < 180°$),故由式(5.31)和式(5.33),有

$$\angle ASB = 2\angle DRC.$$

评注　本题看似复杂,其实以 $\triangle DBC$ 的三边为基本量,将其他量逐步用基本量表示,即可解决.

又 a, c 的大小变化会引起图形的变化.但我们以 B 到 C 的方向为正,直线 BC 上的线段均为有向线段(即 $CB = -BC$).不论图形如何变化,证明无需改变.

例 10　已知 $\triangle ABC$ 中,$A = 100°, AB = AC$.延长 AB 到点 D,使 $AD = BC$(图 5.7).求 $\angle BCD$.

解　这道题可用几何解法,但均需添加辅助线.本书当然采用三角方法.

设 $AC = 1, D = \alpha$.在等腰三角形 ABC 中,$BC = 2\sin 50°$.

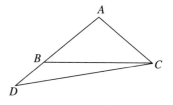

图 5.7

在 $\triangle ACD$ 中,$\angle ACD = 180° - 100° - \alpha = 80° - \alpha$.由正弦定理,有

$$\frac{1}{\sin \alpha} = \frac{2\sin 50°}{\sin(80° - \alpha)}, \qquad (5.34)$$

即

$$2\sin 50° \sin \alpha = \sin(80° - \alpha). \qquad (5.35)$$

$\alpha = 30°$ 显然是式(5.35)的解.因为 $0° < \alpha < 90°$ 时,

$$2\sin 50° \sin \alpha + \sin(\alpha - 80°)$$

是 α 的增函数,所以式(5.35)只有唯一解,即 $\alpha = 30°$,故

$$\angle BCD = 40° - \alpha = 10°.$$

在求 α 时,上面采用了机敏、灵活的做法.如果用通常的解法,也可将式(5.35)左边化为 $2\cos 40° \sin \alpha$,再和差化积得

$$\sin(40° + \alpha) - \sin(40° - \alpha) = \sin(80° - \alpha), \quad (5.36)$$

即

$$\sin(40° - \alpha) = \sin(40° + \alpha) - \sin(80° - \alpha). \quad (5.37)$$

式(5.37)的右边和差化积得

$$\sin(40° - \alpha) = 2\sin(\alpha - 20°)\cos 60° = \sin(\alpha - 20°),$$
$$(5.38)$$

所以

$$40° - \alpha = \alpha - 20°,$$

解得

$$\alpha = 30°.$$

但这样做不及上面的解法简单(式(5.36)有各种变形,如不变为式(5.37),恐怕更为麻烦).

例 11　如图 5.8 所示,已知四边形 $ABCD$ 中,$\angle BAC = 30°$,$\angle ABD = 26°$,$\angle DBC = 51°$,$\angle ACD = 13°$.求 $\angle CAD$.

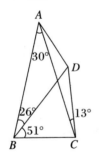

图 5.8

解　图不复杂,但其中的角大多不是 $30°$,$45°$,$60°$ 这样的特殊角,因而计算稍有麻烦.

容易算出 $\angle ACB = 180° - 30° - 26° - 51° = 73°$,$\angle BCD = 73° + 13° = 86°$,$\angle BDC = 180° - 51° - 86° = 43°$(恰好是 $\angle BCD$ 的一半).

但 $\angle ADB$,$\angle ADC$,$\angle CAD$ 均不易求.用量角器量一量,$\angle CAD$ 约 $17°$,不是特殊角.$\angle ADC = 150°$ 是一个特殊角.于是,我们应当先求 $\angle ADC$(或者说求证 $\angle ADC = 150°$),而不是先求 $\angle CAD$.

设 $\angle ADC = \theta$,则

$$\angle ADB = \theta - 43^\circ, \quad \angle CAD = 180^\circ - \theta - 13^\circ,$$

$$\angle BAD = \angle CAD + \angle BAC = (180^\circ - \theta - 13^\circ) + 30^\circ$$

$$= 180^\circ - \theta + 17^\circ.$$

设 $BC = 1$.由正弦定理,在△ABC 中得

$$AB = \frac{1}{\sin 30^\circ} \times \sin 73^\circ = 2\sin 73^\circ. \tag{5.39}$$

在△DBC 中得

$$BD = \frac{\sin 86^\circ}{\sin 43^\circ} = 2\cos 43^\circ = 2\sin 47^\circ. \tag{5.40}$$

在△ABD 中得

$$\frac{2\sin 47^\circ}{\sin(\theta - 17^\circ)} = \frac{2\sin 73^\circ}{\sin(\theta - 43^\circ)}, \tag{5.41}$$

即

$$2\sin 47^\circ \sin(\theta - 43^\circ) = 2\sin 73^\circ \sin(\theta - 17^\circ). \tag{5.42}$$

积化和差得

$$\cos(90^\circ - \theta) - \cos(\theta + 4^\circ) = \cos(90^\circ - \theta) - \cos(\theta + 56^\circ),$$

$$\tag{5.43}$$

即

$$\cos(\theta + 4^\circ) = \cos(\theta + 56^\circ), \tag{5.44}$$

所以

$$\theta + 4^\circ = 360^\circ - (\theta + 56^\circ), \quad \theta = 150^\circ.$$

$$\angle CAD = 180^\circ - 150^\circ - 13^\circ = 17^\circ.$$

本题的式(5.40)瞄准 $86^\circ = 2 \times 43^\circ$,与式(5.39)有同样的系数 2,下面的式(5.41)就比较整齐(因而简单).而且 $47^\circ + 43^\circ$,$17^\circ + 73^\circ$ 都刚好是 90°,给后面的运算带来莫大的方便.如果换一

种做法(例如先求出 AC,CD,再用△CAD 建立类似于式(5.41)的方程),就麻烦很多.所以解题时,不能只看一两步(只看到建立一个方程),还要尽量看远一些,多看几步(如方程是否好解,怎样解).

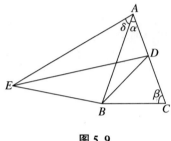

图 5.9

例 12　如图 5.9 所示,$AB = AC = BE$.点 D 在 AC 上,并且 $BD = BC,EA = ED$.求$\angle EDB$.

解　设 $AB = 1,\angle BAC = \alpha,\angle BCD = \angle BDC = \beta,\angle BAE = \delta$,则

$$BC = 2\cos \beta,$$
$$CD = 2 \times BC\cos \beta = 4\cos^2 \beta, \qquad (5.45)$$
$$AD = 1 - 4\cos^2 \beta.$$

另一方面,$AE = 2\cos \delta$,且

$$AD = 2AE\cos(\alpha + \delta) = 4\cos \delta\cos(\alpha + \delta), \qquad (5.46)$$

所以

$$1 - 4\cos^2 \beta = 4\cos \delta\cos(\alpha + \delta), \qquad (5.47)$$

即

$$1 - 2(1 + \cos 2\beta) = 2(\cos \alpha + \cos(\alpha + 2\delta)). \qquad (5.48)$$

因为 $\alpha + 2\beta = 180°$,所以式(5.48)即

$$2\cos \alpha - 1 = 2(\cos \alpha + \cos(\alpha + 2\delta)),$$

从而

$$\cos(\alpha + 2\delta) = -\frac{1}{2},$$
$$\alpha + 2\delta = 120°. \qquad (5.49)$$

式(5.49)与 $\alpha + 2\beta = 180°$ 相加再除以 2 得

$$\alpha + \beta + \delta = 150°,\qquad(5.50)$$

故

$$\angle EDB = 180° - (\alpha + \delta) - \beta = 30°.$$

例13 如图 5.10 所示,$\triangle ABC$ 中,$\angle ACB = 2\angle ABC$,BC 上有一点 D,$CD = 2BD$.延长 AD 到点 E,使 $AD = DE$.求证:$\angle ECB + 180° = 2\angle EBC$.

证明 设 $\triangle ABC$ 三边边长分别为 a,b,c.$B = \beta$,$C = \gamma$,$\angle ECB = \delta$,$\angle EBC = \varepsilon$.

先看一看条件 $\gamma = 2\beta$ 的作用:延长 BC 到点 G,使 $CG = CA$(图 5.11),则 $\angle CGA = \angle CAG = \dfrac{1}{2}\gamma = \beta$,$AG = AB = c$.而且 $\triangle GAC \backsim \triangle GBA$,故

$$GA^2 = GC \times GB,$$

即

$$c^2 = b(b+a).\qquad(5.51)$$

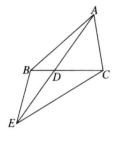

图 5.10

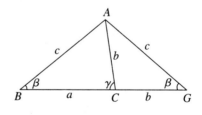

图 5.11

再将图 5.10 中的角都换成在直线 BC 上方的角:设 M 为 DC 中点.延长 CB 到点 F,使 $BF = DB$.延长 BC 到点 N,使 $GN = BD$(图 5.12).易知 AD 与 FC 互相平分,AD 与 BM 互相平分.所以

$$AF /\!/ CE,\quad AM /\!/ EB,$$

$$\angle AFC = \angle ECB = \delta,\quad \angle AMB = \angle EBC = \varepsilon.$$

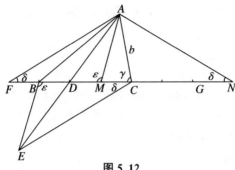

图 5.12

要证

$$\delta + 180° = 2\varepsilon, \tag{5.52}$$

现在只需注意直线 FN 上面的图形.

因为 $FB = GN = \dfrac{a}{3}$,所以 BG 的中垂线也是 FN 的中垂线.

而由 $AG = AB$ 可知点 A 在这条中垂线上,所以

$$AN = AF, \quad \angle ANF = \angle AFN = \delta.$$

由余弦定理及式(5.51),有

$$2b\cos \gamma = \frac{b^2 + a^2 - c^2}{a} = \frac{b^2 + a^2 - b(b+a)}{a} = a - b.$$

$$\tag{5.53}$$

在 $\triangle ACN$ 中,又由余弦定理及式(5.53),有

$$\begin{aligned}
AN^2 &= b^2 + \left(b + \frac{a}{3}\right)^2 + 2b\left(b + \frac{a}{3}\right)\cos \gamma \\
&= b^2 + \left(b + \frac{a}{3}\right)^2 + \left(b + \frac{a}{3}\right)(a - b) \\
&= \left(b + \frac{a}{3}\right)^2 + \left(b + \frac{a}{3}\right)a - \frac{b}{3}a \\
&= \left(b + \frac{a}{3}\right)^2 + \frac{2}{3}a\left(b + \frac{a}{3}\right) + \frac{1}{9}a^2
\end{aligned}$$

$$= \left(b + \frac{2}{3} a \right)^2, \tag{5.54}$$

所以

$$AN = b + \frac{2}{3} a = MN, \tag{5.55}$$

于是

$$\varepsilon = 180° - \angle AMN = 180° - \frac{1}{2} (180° - \delta) = \frac{1}{2} (\delta + 180°),$$

即式(5.52)成立.

评注　本题的关键是作出图 5.12,将问题化为证明式 (5.55).如不细心,很可能做得极其复杂.

虽然是用三角解几何问题,但还应当注意发现各个量的几何意义与关系(如 AN 与 MN 相等).切忌不作通盘考虑,没有计划,只是盲目地计算,一味蛮拼.

例 14　如图 5.13 所示,两圆外切于点 A,并且内切于另一个大圆 $\odot O$,切点分别为 B, C.大圆的弦 MN 是小圆过 A 点的公切线,交 BC 于点 P,MN 的中点为 D.求证: $\dfrac{DB}{DC} = \dfrac{PB}{PC}$.

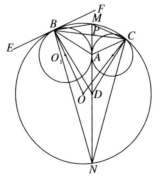

图 5.13

证明　设 $BM=a$, $BN=b$, $CM=c$, $CN=d$, $\angle MBN=\psi$, $\angle MCN=\varphi$, 则

$$\psi+\varphi=180°, \tag{5.56}$$

$$\frac{PB}{PC}=\frac{S_{\triangle MBN}}{S_{\triangle MCN}}=\frac{\frac{1}{2}ab\sin\psi}{\frac{1}{2}cd\sin\varphi}=\frac{ab}{cd}. \tag{5.57}$$

于是只需计算 BD, CD（它们分别为 $\triangle MBN$ 和 $\triangle MCN$ 的中线）的长, 并证明它们的比与式(5.57)中的 $\frac{ab}{cd}$ 相等, 但在此之前, 还需要做一点铺垫工作, 利用相切的条件, 找出 a, b, c, d 之间的一个关系.

过点 B 作 $\odot O$ 的切线, 它也与已知中的一个小圆 $\odot O_1$ 相切(图 5.13), 所以

$$\angle FBM=\angle BNM. \tag{5.58}$$

因为 MN 也与 $\odot O_1$ 相切, 所以

$$\angle FBA=\angle BAM. \tag{5.59}$$

以上两式相减, 得

$$\angle MBA=\angle ABN, \tag{5.60}$$

即 BA 平分 $\angle NBM$, 所以

$$\frac{MA}{AN}=\frac{BM}{BN}=\frac{a}{b}. \tag{5.61}$$

同理

$$\frac{MA}{AN}=\frac{c}{d}. \tag{5.62}$$

于是

$$\frac{a}{b}=\frac{c}{d}. \tag{5.63}$$

记这比值为 k,则

$$a = kb, \quad c = kd. \qquad (5.64)$$

设 $MN = x$,则由余弦定理,得

$$x^2 = a^2 + b^2 - 2ab\cos\psi = c^2 + d^2 - 2cd\cos\varphi, \qquad (5.65)$$

将式(5.64)代入式(5.65),得

$$b^2(k^2 + 1 - 2k\cos\psi) = d^2(k^2 + 1 - 2k\cos\varphi). \qquad (5.66)$$

由中线公式

$$4DB^2 = 2(a^2 + b^2) - x^2 = a^2 + b^2 + 2ab\cos\psi$$
$$= b^2(k^2 + 1 + 2k\cos\psi), \qquad (5.67)$$
$$4DC^2 = d^2(k^2 + 1 + 2k\cos\varphi), \qquad (5.68)$$

所以

$$\frac{DB^2}{DC^2} = \frac{b^2(k^2 + 1 + 2k\cos\psi)}{d^2(k^2 + 1 + 2k\cos\varphi)} = \frac{b^2(k^2 + 1 - 2k\cos\varphi)}{d^2(k^2 + 1 - 2k\cos\psi)}$$
$$= \frac{b^2}{d^2} \cdot \frac{b^2}{d^2}, \qquad (5.69)$$

$$\frac{DB}{DC} = \frac{b^2}{d^2} = \frac{ab}{cd} = \frac{PB}{PC}. \qquad (5.70)$$

评注　式(5.70)即表示 MN 平分 $\angle BDC$. 可以证明点 A 是 $\triangle BDC$ 的内心,证法是 $AB(AC)$ 平分 $\angle DBC(\angle DCB)$. 从而不需要上面的计算导出 MN 平分 $\angle BDC$ 及式(5.70).但那又是一个问题了.这里按下不表.

例 15　如图 5.14 所示,已知圆内接四边形 $ABCD$. 点 Q, P 分别在 AB, BC 上.圆心 O 在 $\triangle ABC$ 内,也在 $\triangle DQP$ 内.并且 $\angle PDC = \angle OAB = \alpha$, $\angle ADQ = \angle OCB = \beta$. 直线 CO 与 PQ 相交于点 M, AO 与 PQ 相交于点 N.求证:

$$\frac{MD}{ND} \cdot \frac{OP}{QO} = \frac{PD}{QD} \cdot \frac{OM}{ON}.$$

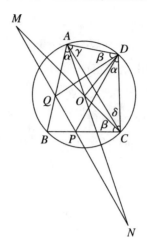

图 5.14

证明　线段的比可以化为正弦的比.本题正是可以运用正弦定理的问题.

设⊙O 的半径为 R , $\angle ACD = \delta$, $\angle DAC = \gamma$. 题中的角,有一些关系,先将它们找出来.

$$\angle BAC = \frac{1}{2}\angle BOC = 90° - \beta , \quad \angle BCA = 90° - \alpha , \quad (5.71)$$

$$\angle ABC = 180° - \angle BAC - \angle BCA = \alpha + \beta , \quad (5.72)$$

$$\gamma + \delta = 180° - \angle ADC = \angle ABC = \alpha + \beta , \quad (5.73)$$

$$\begin{aligned}\angle DQP + \angle DPQ &= 180° - \angle PDQ \\ &= \angle ABC + \angle ADC - \angle PDQ \\ &= 2(\alpha + \beta) . \end{aligned} \quad (5.74)$$

现在计算 QD , PD 及它们的比.

在△AQD 中,由正弦定理,有

$$\frac{QD}{AD} = \frac{\sin(\angle BAC + \gamma)}{\sin\angle AQD} = \frac{\sin(90° - \beta + \gamma)}{\sin(180° - (90° - \beta + \gamma) - \beta)}$$

$$= \frac{\cos(\beta - \gamma)}{\cos \gamma}, \tag{5.75}$$

所以

$$QD = \frac{AD\cos(\beta - \gamma)}{\cos \gamma} = \frac{2R\sin \delta\cos(\beta - \gamma)}{\cos \gamma}. \tag{5.76}$$

同理

$$PD = \frac{2R\sin \gamma\cos(\alpha - \delta)}{\cos \delta}. \tag{5.77}$$

由式(5.76)、式(5.77)及式(5.73),有

$$\frac{QD}{PD} = \frac{\sin 2\delta\cos(\beta - \gamma)}{\sin 2\gamma\cos(\alpha - \delta)} = \frac{\sin 2\delta}{\sin 2\gamma}. \tag{5.78}$$

又在△DPQ 中,由正弦定理,有

$$\frac{QD}{PD} = \frac{\sin\angle DPQ}{\sin\angle DQP}. \tag{5.79}$$

由式(5.78)、式(5.79),有

$$\frac{\sin\angle DPQ}{\sin\angle DQP} = \frac{\sin 2\delta}{\sin 2\gamma}. \tag{5.80}$$

由式(5.74)、式(5.75),有

$$\frac{\sin\angle DPQ}{\sin\angle DQP} = \frac{\sin(2(\alpha + \beta) - \angle DQP)}{\sin\angle DQP}$$

$$= \sin 2(\alpha + \beta)\cot\angle DQP - \cos 2(\alpha + \beta), \tag{5.81}$$

$$\frac{\sin 2\delta}{\sin 2\gamma} = \sin 2(\alpha + \beta)\cot 2\gamma - \cos 2(\alpha + \beta). \tag{5.82}$$

由式(5.80)~式(5.82),有

$$\cot\angle DQP = \cot 2\gamma. \tag{5.83}$$

$\cot x$ 在$(0, \pi)$内严格递减,所以由式(5.83)得

$$\angle DQP = 2\gamma, \tag{5.84}$$

$$\angle MQD = 180° - \angle DQP = 180° - 2\gamma$$

$$= 180° - \angle COD = \angle MOD, \quad (5.85)$$

从而 M,Q,O,D 四点共圆.

同理 N,P,O,D 四点共圆.

$$\frac{MD}{ND} \cdot \frac{OP}{QO} = \frac{MD}{QO} \cdot \frac{OP}{ND} = \frac{\sin\angle MOD}{\sin\angle OMN} \cdot \frac{\sin\angle ONM}{\sin\angle NOD}$$

$$= \frac{\sin 2\gamma}{\sin\angle OMN} \cdot \frac{\sin\angle ONM}{\sin 2\delta},$$

$$\frac{PD}{QD} \cdot \frac{OM}{ON} = \frac{\sin 2\gamma}{\sin 2\delta} \cdot \frac{\sin\angle ONM}{\sin\angle OMN} = \frac{MD}{ND} \cdot \frac{OP}{QO}.$$

例 16　凸四边形 $ABCD$ 中,$B = 90°$,$\angle DAB = \angle ADC = 96°$,$\angle BCD = 78°$,且 $DA = 2AB$.求 $\angle CAB$.

解　本题虽有一个直角,但其他的已知角却都不是我们熟悉的特殊角($30°,45°,60°$的角).计算的困难可想而知.

先猜一猜结果.大概是 $60°$ 吧?

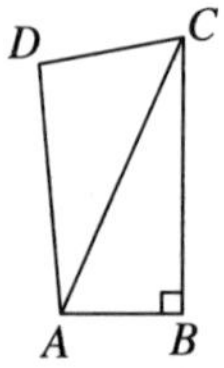

图 5.15

没有把握,还是画一个精确一些的图.可以先画 $\angle DAB$(用量角器画)$= 96°$.再取定点 B,D,使 $DA = 2AB$.作 AB 的垂线 BC,又作 $\angle CDA = 96°$(用量角器),完成四边形 $ABCD$(图 5.15).

量一量,发现 $\angle CAB$ 比 $60°$大,大约是 $66°$,并非特殊角 $60°$,颇为遗憾.

但是,且慢遗憾.$\angle CAB = 66°$,不就是 $\angle CAD = 30°$ 吗?终于有了一个特殊角.问题化为证明

$$\angle CAD = 30°. \quad (5.86)$$

不过要证明式(5.86)仍很困难.困难在于 $\angle CAB$,$\angle CAD$ 是合在一起的,只知道它们的和.$\angle BCA$ 与 $\angle ACD$ 也是如此.

这种困难是难以克服的.

遇到难以克服的困难,有一个好办法,就是避开它,绕过它,不与它较真."躲着你还不行吗?"

具体说来,就是另作一个凸四边形 $A'B'C'D'$. 作法是先作一个直角三角形 $A'B'C'$, $\angle A'B'C' = 90°$, $A'B' = AB$, $\angle B'A'C' = 66°$. 然后再作出 $\angle C'A'D' = 30°$, $\angle A'C'D' = 54°$. 这就完成了 $\triangle A'C'D'$,也完成了凸四边形 $A'B'C'D'$(图 5.16).

图 5.16

在凸四边形 $A'B'C'D'$ 中,各个角都是已知的:

$\angle D'A'B' = 66° + 30° = 96°$, $\quad \angle B'C'A' = 90° - 66° = 24°$,

$\angle B'C'D' = 24° + 54° = 78°$,

$B' = 90°$, $\quad D' = 180° - 30° - 54° = 96°$.

我们来证明

$$A'D' = 2 \times A'B'. \tag{5.87}$$

不妨设 $A'B' = AB = 1$. 由直角三角形 $A'B'C'$ 得

$$A'C' = \frac{1}{\sin 24°}. \tag{5.88}$$

在 $\triangle A'C'D'$ 中,由正弦定理,有

$$A'D' = \frac{1}{\sin 24°} \times \frac{\sin 54°}{\sin 96°} = \frac{2\sin 54°}{2\sin 24°\cos 6°}$$

$$= \frac{2\sin 54°}{\sin 30° + \sin 18°}. \tag{5.89}$$

于是式(5.87)化为一个三角恒等式

$$\sin 54° - \sin 18° = \frac{1}{2}. \tag{5.90}$$

这不难证.

式(5.90)左边 $= 2\sin 18°\cos 36° = \dfrac{2\sin 18°\sin 36°\cos 36°}{\sin 36°}$

$$= \dfrac{\sin 18°\sin 72°}{\sin 36°} = \dfrac{\cos 72°\sin 72°}{\sin 36°}$$

$$= \dfrac{\sin 144°}{2\sin 36°} = \dfrac{1}{2} = \text{右边}.$$

于是式(5.87)成立.

最后,我们证明四边形 $A'B'C'D'$ 与四边形 $ABCD$ 全等.

首先 $\triangle A'B'D' \cong \triangle ABD$ (SAS),所以可以将四边形 $A'B'C'D'$ 放到四边形 $ABCD$ 上,使 $\triangle A'B'D'$ 与 $\triangle ABD$ 重合.这时由于

$$\angle A'B'C' = \angle ABC = 90°, \qquad \angle A'D'C' = \angle ADC = 96°,$$

所以射线 $B'C'$ 与 BC 重合,$D'C'$ 与 DC 重合.当然射线 $B'C'$,$D'C'$ 的交点 C' 与 BC,DC 的交点 C 重合,即四边形 $A'B'C'D'$ 与 $ABCD$ 完全重合,两者全等.

因此

$$\angle CAD = \angle C'A'D' = 30°, \qquad \angle CAB = \angle C'A'B' = 66°.$$

上面的方法,就是同一法,它将要证结论($\angle CAB = 66°$ 或 $\angle CAD = 30°$)改为已知,而将已知中的条件 $DA = 2AB$ 改为要证的结论,化险为夷.同一法是绕过困难的一种常用方法.

第6章　三角不等式

这里讨论的不等式,纯属三角不等式.几何不等式,有些也与三角有关,但需要较多的几何知识,不在我们讨论的范围内.

三角不等式的证明,主要依靠恒等变形及适当的放缩.在适当的地方作适当的放缩,是一种艺术,只有自己实践才能掌握.

有的三角不等式与分析有关,参见下章.

例1　已知 $0<\alpha<\beta<\dfrac{\pi}{2}$. 求证:

$$\frac{\cot\beta}{\cot\alpha}<\frac{\cos\beta}{\cos\alpha}<\frac{\beta}{\alpha}.$$

证明　因为 $0<\alpha<\beta<\dfrac{\pi}{2}$,所以

$$0<\sin\alpha<\sin\beta, \tag{6.1}$$

$$\frac{\cot\beta}{\cot\alpha}=\frac{\cos\beta}{\sin\beta}\div\frac{\cos\alpha}{\sin\alpha}=\frac{\cos\beta}{\cos\alpha}\times\frac{\sin\alpha}{\sin\beta}<\frac{\cos\beta}{\cos\alpha}. \tag{6.2}$$

又

$$\cos\beta<\cos\alpha, \tag{6.3}$$

$$\frac{1}{\beta}<\frac{1}{\alpha}, \tag{6.4}$$

所以两式相乘得

$$\frac{\cos\beta}{\beta}<\frac{\cos\alpha}{\alpha},$$

即

$$\frac{\cos \beta}{\cos \alpha} < \frac{\beta}{\alpha}.$$

不等式的证明,最重要的是对于大小的感觉.本题是一个很简单的不等式,只要知道式(6.1)、式(6.3)、式(6.4)等非常基本、简单的不等式,问题便能迎刃而解.切忌不顾简单、明显的大小关系,胡乱"构造函数",或"利用图像",瞎折腾.

例2 已知 θ 为锐角.求证:

$$1 < \sin \theta + \cos \theta \leqslant \sqrt{2}.$$

证明 斜边为1,一个锐角为 θ 的直角三角形中,两条直角边分别为 $\sin \theta, \cos \theta$.它们的和大于斜边,即

$$1 < \sin \theta + \cos \theta.$$

又

$$\sin \theta + \cos \theta = \sqrt{2}\sin\left(\theta + \frac{\pi}{4}\right) \leqslant \sqrt{2}$$

是基本的不等式,常有应用.

注意

$$\sin \theta + \cos \theta = \sqrt{2}\left(\cos \frac{\pi}{4}\sin \theta + \sin \frac{\pi}{4}\cos \theta\right)$$

$$= \sqrt{2}\sin\left(\theta + \frac{\pi}{4}\right)$$

也是常用的等式.这一式在第3章例6中已经出现过.

例3 求证:$\sin(\cos \theta) < \cos(\sin \theta)$.

证明 $\cos(\sin \theta) = \sin\left(\frac{\pi}{2} - \sin \theta\right)$.

因为 $-\frac{\pi}{2} < -1 \leqslant \cos \theta \leqslant 1 < \frac{\pi}{2}, 0 < \frac{\pi}{2} - \sin \theta \leqslant \frac{\pi}{2}$,而 $\sin x$ 在区间 $\left[-\frac{\pi}{2}, \frac{\pi}{2}\right]$ 内严格递增,所以只需证明

$$\cos \theta < \frac{\pi}{2} - \sin \theta.$$

而这已在例 2 中证明.

例 4　已知 $0 < \alpha < \pi$,比较 $2\sin 2\alpha$ 与 $\cot \frac{\alpha}{2}$.

解　$\sin 2\alpha$ 与 $\cot \frac{\alpha}{2}$ 不是同一个角的三角函数,但它们可以化为同一个角的三角函数.

化为哪一个角的三角函数?

化为 2α 的,太迁就 $\sin 2\alpha$ 了,$\cot \frac{\alpha}{2}$ 肯定不乐意.化为 $\frac{\alpha}{2}$ 的,$\sin 2\alpha$ 又不乐意.于是都化为 α 的三角函数("双方都让一步").$2\sin 2\alpha = 4\sin \alpha \cos \alpha$.而

$$\cot \frac{\alpha}{2} = \frac{1 + \cos \alpha}{\sin \alpha} = \frac{\sin \alpha}{1 - \cos \alpha}.$$

用哪一个好? 用分子为 $\sin \alpha$ 的好,因为可以与前面 $4\sin \alpha \cos \alpha$ 的 $\sin \alpha$ 相约.这样(用"$\wedge$"代表"$\geqslant$"或"$\leqslant$",而"$\vee$"表示与"$\wedge$"相反的不等号)

$$\begin{aligned}
2\sin 2\alpha \wedge \cot \frac{\alpha}{2} \quad &\Leftrightarrow \quad 4\cos \alpha \wedge \frac{1}{1 - \cos \alpha} \\
&\Leftrightarrow \quad 4\cos \alpha (1 - \cos \alpha) \wedge 1 \\
&\Leftrightarrow \quad 4\cos^2 \alpha - 4\cos \alpha + 1 \vee 0 \\
&\Leftrightarrow \quad (2\cos \alpha - 1)^2 \vee 0.
\end{aligned}$$

因为 $(2\cos \alpha - 1)^2 \geqslant 0$,所以"$\vee$"为"$\geqslant$",而"$\wedge$"为"$\leqslant$",故

$$2\sin 2\alpha \leqslant \cot \frac{\alpha}{2},$$

而且等号仅在 $\alpha = \frac{\pi}{3}$ 时成立(这时 $2\cos \alpha = 1$).

在用分析法时,常出现等价的不等式.如果事先不清楚不等号的方向,那么采用"∨"或"∧"比较方便.

例 5 设 θ 是锐角.讨论 $\dfrac{1-\sin\theta}{1-\cos\theta}$ 与 $\cot\theta$ 的大小.

解 我们还是用"∨"代表"≥"、">"或"≤"、"<"中的一个,而用"∧"代表与它方向相反的不等号(即"∨"代表"≥",则"∧"代表"≤";"∨"代表"≤",则"∧"代表"≥").于是,总可以写出

$$\frac{1-\sin\theta}{1-\cos\theta}\wedge\cot\theta. \tag{6.5}$$

因为 $1-\cos\theta>0,\sin\theta>0$,所以可在式(6.5)两边同时乘以 $(1-\cos\theta)\sin\theta$,得到等价的不等式

$$(1-\sin\theta)\sin\theta\wedge(1-\cos\theta)\cos\theta. \tag{6.6}$$

并有

$$式(6.6) \iff \cos^2\theta-\sin^2\theta+\sin\theta-\cos\theta\wedge0$$

$$\iff (\cos\theta-\sin\theta)(\cos\theta+\sin\theta-1)\wedge0$$

$$\iff \cos\theta-\sin\theta\wedge0.$$

在 $0<\theta<\dfrac{\pi}{4}$ 时,$\cos\theta-\sin\theta>0$;$\theta=\dfrac{\pi}{4}$ 时,$\cos\theta-\sin\theta=0$;$\dfrac{\pi}{4}<\theta<\dfrac{\pi}{2}$ 时,$\cos\theta-\sin\theta<0$.所以,同样的,有

$$0<\theta<\frac{\pi}{4}时,\qquad \frac{1-\sin\theta}{1-\cos\theta}>\cot\theta.$$

$$\theta=\frac{\pi}{4}时,\qquad \frac{1-\sin\theta}{1-\cos\theta}=\cot\theta.$$

$$\frac{\pi}{4}<\theta<\frac{\pi}{2}时,\qquad \frac{1-\sin\theta}{1-\cos\theta}<\cot\theta.$$

例 6　若 $0<\beta<\alpha<\dfrac{\pi}{2}$，求证：

$$\sin \alpha - \sin \beta < \alpha - \beta < \tan \alpha - \tan \beta. \qquad (6.7)$$

证明　当然要利用不等式 $\sin \alpha < \alpha < \tan \alpha$．将 α 化为 $\alpha - \beta$ 与 β 的和，有

$$
\begin{aligned}
\sin \alpha - \sin \beta &= \sin((\alpha - \beta) + \beta) - \sin \beta \\
&= \sin(\alpha - \beta)\cos \beta + \cos(\alpha - \beta)\sin \beta - \sin \beta \\
&< \sin(\alpha - \beta) + \sin \beta - \sin \beta \\
&= \sin(\alpha - \beta) \\
&< \alpha - \beta.
\end{aligned}
$$

同样

$$
\begin{aligned}
\tan \alpha - \tan \beta &= \tan((\alpha - \beta) + \beta) - \tan \beta \\
&= \frac{\tan(\alpha - \beta) + \tan \beta}{1 - \tan(\alpha - \beta)\tan \beta} - \tan \beta \\
&> \tan(\alpha - \beta) + \tan \beta - \tan \beta \\
&\quad (\text{因为 } 1 > 1 - \tan(\alpha - \beta)\tan \beta \\
&\quad\quad > 1 - \tan\left(\frac{\pi}{2} - \beta\right)\tan \beta = 0) \\
&= \tan(\alpha - \beta) \\
&> \alpha - \beta.
\end{aligned}
$$

更简单的解法是

$$
\begin{aligned}
\tan \alpha - \tan \beta &= \tan(\alpha - \beta)(1 + \tan \alpha \tan \beta) \\
&> \tan(\alpha - \beta) \\
&> \alpha - \beta.
\end{aligned}
$$

例 7　在 $\triangle ABC$ 中，求证：

$$\sin A + \sin B + \sin C \leqslant \frac{3\sqrt{3}}{2}. \qquad (6.8)$$

证明　显然在 $A=B=C$ 时,等号成立,即这时 $\sin A+\sin B$ $+\sin C$ 取得最大值.

我们采用"调整"的办法,将三个角逐步调整为 $60°$,如果在调整过程中,$\sin A+\sin B+\sin C$ 只可能增加不可能减少,那么最后就得到式(6.8).

设 $A\geqslant B\geqslant C$,先将 A,C 中一个调整为 $60°$,而和 $A+C$ 保持不变,即我们证明

$$\sin A+\sin C\leqslant\sin 60°+\sin(A+C-60°). \qquad (6.9)$$

因为

$$上式左边=2\sin\frac{A+C}{2}\cos\frac{A-C}{2},$$

$$上式右边=2\sin\frac{A+C}{2}\cos\frac{A+C-120°}{2},$$

其中

$$\frac{A-C}{2}-\frac{A+C-120°}{2}=60°-C\geqslant 0,$$

$$\frac{A-C}{2}-\left(-\frac{A+C-120°}{2}\right)=A-60°\geqslant 0.$$

而 $\dfrac{A-C}{2},\left|\dfrac{A+C-120°}{2}\right|\in[0,90°)$,$\cos x$ 在 $[0,90°)$ 上递减,所以式(6.9)成立.从而只需证(令 $D=A+C-60°=120°-B$)

$$\sin B+\sin D\leqslant\sqrt{3}. \qquad (6.10)$$

再利用式(6.9)(只是 A,C 换成 B,D,并且 $B+D-60°=60°$)即得式(6.10).

本题体现"调整"的作用.当然利用三角函数的凸性也能得到式(6.8),但凸性需要较多的知识,杀鸡焉用牛刀.

例8 在 $\triangle ABC$ 中,求证:

$$\cos A + \cos B + \cos C \leqslant \frac{3}{2}.$$

证明 与上例相同,设 $A \geqslant B \geqslant C$,则

$$\cos A + \cos C = 2\cos\frac{A+C}{2}\cos\frac{A-C}{2}$$

$$\leqslant 2\cos\frac{A-C}{2}\cos\frac{A+C-120°}{2}$$

$$= \cos 60° + \cos(A+C-60°),$$

$$\cos A + \cos B + \cos C \leqslant \cos 60° + \cos(A+C-60°) + \cos B$$

$$\leqslant \cos 60° + \cos 60° +$$

$$\cos(A+C-60°+B-60°)$$

$$= 3\cos 60° = \frac{3}{2}.$$

例9 在 $\triangle ABC$ 中,求证:

$$\sin\frac{A}{2} + \sin\frac{B}{2} + \sin\frac{C}{2} \leqslant \frac{3}{2}. \tag{6.11}$$

证明 仍是在 $A = B = C$ 时, $\sin\frac{A}{2} + \sin\frac{B}{2} + \sin\frac{C}{2}$ 取得最大值 $\frac{3}{2}$.

证法也与例8相同,先证(设 $A \geqslant B \geqslant C$)

$$\sin\frac{A}{2} + \sin\frac{C}{2} \leqslant \sin\frac{A+C-60°}{2} + \sin\frac{60°}{2}.$$

请读者自己补足剩下的步骤.

例10 在 $\triangle ABC$ 中,求证:

$$\sin\frac{A}{2}\sin\frac{B}{2}\sin\frac{C}{2} \leqslant \frac{1}{8}.$$

证明

$$8\sin\frac{A}{2}\sin\frac{B}{2}\sin\frac{C}{2} = 4\left(\cos\frac{A-B}{2} - \cos\frac{A+B}{2}\right)\sin\frac{C}{2}$$

$$= 2\left(\sin\frac{C+A-B}{2} + \sin\frac{C+B-A}{2}\right.$$

$$\left. - \sin\frac{C+A+B}{2} - \sin\frac{C-A-B}{2}\right)$$

$$= 2(\cos B + \cos A + \cos C - 1)$$

$$\leqslant 2\left(\frac{3}{2} - 1\right)$$

$$= 1.$$

其中利用了例 8 结论 $\cos A + \cos B + \cos C \leqslant \dfrac{3}{2}$.

例 11　在 $\triangle ABC$ 中,求证:

$$6\sin\frac{A}{2}\sin\frac{B}{2}\sin\frac{C}{2} \leqslant \sin\frac{A}{2}\sin\frac{B}{2} + \sin\frac{B}{2}\sin\frac{C}{2} + \sin\frac{C}{2}\sin\frac{A}{2}.$$

$$(6.12)$$

证明

式(6.12)右边　(由平均不等式)

$$\geqslant 3\sqrt[3]{\sin^2\frac{A}{2}\sin^2\frac{B}{2}\sin^2\frac{C}{2}}$$

$$= 3\sin\frac{A}{2}\sin\frac{B}{2}\sin\frac{C}{2} \div \sqrt[3]{\sin\frac{A}{2}\sin\frac{B}{2}\sin\frac{C}{2}}$$

$$\geqslant 3\sin\frac{A}{2}\sin\frac{B}{2}\sin\frac{C}{2} \div \sqrt[3]{\frac{1}{8}}$$

$$= 6\sin\frac{A}{2}\sin\frac{B}{2}\sin\frac{C}{2}.$$

其中利用了例 10 结论 $\sin\dfrac{A}{2}\sin\dfrac{B}{2}\sin\dfrac{C}{2} \leqslant \dfrac{1}{8}$.

例 12　设 $\alpha,\beta\in\left(0,\dfrac{\pi}{2}\right)$. 求证：

$$\frac{1}{\cos^2\alpha}+\frac{1}{\sin^2\alpha\sin^2\beta\cos^2\beta}\geqslant 9. \tag{6.13}$$

并讨论 α,β 为何值时，等号成立.

证明　在 a,b,c 为正数时，由平均不等式

$$(a+b+c)\left(\frac{1}{a}+\frac{1}{b}+\frac{1}{c}\right)\geqslant 3\sqrt[3]{abc}\cdot 3\sqrt[3]{\frac{1}{abc}}=9,$$
$$\tag{6.14}$$

所以

$$\frac{1}{\cos^2\alpha}+\frac{4}{\sin^2\alpha}$$
$$=\left(\frac{1}{\cos^2\alpha}+\frac{2}{\sin^2\alpha}+\frac{2}{\sin^2\alpha}\right)\left(\cos^2\alpha+\frac{\sin^2\alpha}{2}+\frac{\sin^2\alpha}{2}\right)$$
$$\geqslant 9. \tag{6.15}$$

又 $4\sin^2\beta\cos^2\beta=(\sin 2\beta)^2\leqslant 1$，所以

$$\frac{1}{\sin^2\beta\cos^2\beta}\geqslant 4. \tag{6.16}$$

由式(6.15)和式(6.16)，有

$$\frac{1}{\cos^2\alpha}+\frac{1}{\sin^2\alpha\sin^2\beta\cos^2\beta}\geqslant\frac{1}{\cos^2\alpha}+\frac{4}{\sin^2\alpha}\geqslant 9.$$

等号当且仅当 $\beta=\dfrac{\pi}{4}$（这时式(6.16)中等号成立）, $\cos^2\alpha=\dfrac{\sin^2\alpha}{2}$，即 $\alpha=\arctan\sqrt{2}$（这时式(6.15)中等号成立）时成立.

式(6.14)是平均不等式的特殊情况. 式(6.13)右边的 9 启发我们将式(6.13)左边折为三项.

例 13　已知 $\alpha + \beta + \gamma = \dfrac{\pi}{2}$. 求证：

$$\tan^2 \alpha + \tan^2 \beta + \tan^2 \gamma \geqslant 1.$$

证明　因为 $\alpha + \beta + \gamma = \dfrac{\pi}{2}$，所以 $\gamma = \dfrac{\pi}{2} - (\alpha + \beta)$，故

$$\tan \gamma = \tan\left(\dfrac{\pi}{2} - (\alpha + \beta)\right) = \cot(\alpha + \beta) = \dfrac{1 - \tan \alpha \tan \beta}{\tan \alpha + \tan \beta},$$

即

$$\tan \alpha \tan \beta + \tan \beta \tan \gamma + \tan \gamma \tan \alpha = 1.$$

而

$$a^2 + b^2 + c^2 - ab - bc - ca = \dfrac{1}{2}(a-b)^2 + \dfrac{1}{2}(b-c)^2 + \dfrac{1}{2}(c-a)^2$$
$$\geqslant 0,$$

所以

$$\tan^2 \alpha + \tan^2 \beta + \tan^2 \gamma \geqslant \tan \alpha \tan \beta + \tan \beta \tan \gamma + \tan \gamma \tan \alpha$$
$$= 1.$$

例 14　求证：$\dfrac{1}{3} < \sin 20° < \dfrac{7}{20}$（不用计算器）.

证明　用计算器立即得出

$$\sin 20° = 0.342\ 0\cdots$$

在 $\dfrac{1}{3}$ 与 $\dfrac{7}{20}$ 之间.

不用计算器就比较麻烦了. 60°是特殊角，正好是 20°的 3 倍. 由三倍角公式得

$$\dfrac{\sqrt{3}}{2} = \sin 60° = 3\sin 20° - 4\sin^3 20°,$$

所以 $\sin 20°$ 是方程

$$4x^3 - 3x + \frac{\sqrt{3}}{2} = 0 \qquad\qquad (6.17)$$

的一个根. 因为

$$\sin(3 \times 40°) = \sin(3 \times (-80°)) = \sin 60° = \frac{\sqrt{3}}{2},$$

所以 $\sin 40°, \sin(-80°)$ 是式 (6.17) 的另外两个根. 前者大于 $\frac{1}{2}$

$(\sin 30° = \frac{1}{2})$, 后者小于 0, 所以在 $\left(0, \frac{1}{2}\right)$ 内只有 $\sin 20°$ 这一

个根.

$$4\left(\frac{1}{3}\right)^3 - 3\left(\frac{1}{3}\right) + \frac{\sqrt{3}}{2} = \frac{4}{27} + \frac{\sqrt{3}}{2} - 1 > 0.14 + 0.86 - 1 = 0,$$

$$4\left(\frac{7}{20}\right)^3 - 3\left(\frac{7}{20}\right) + \frac{\sqrt{3}}{2} = \frac{343}{2\,000} + \frac{\sqrt{3}}{2} - \frac{21}{20}$$

$$= \frac{\sqrt{3}}{2} - \frac{1\,757}{2\,000} < \frac{1\,740 - 1\,757}{2\,000} < 0,$$

所以 $\sin 20°$ 在区间 $\left(\frac{1}{3}, \frac{7}{20}\right)$ 内.

如果 $f(x)$ 是三次函数, 那么在 $f(a)$ 与 $f(b)$ 异号时, a 与 b 之间一定有 $f(x) = 0$ 的一个根.

例 15　解不等式 $\cos^4 x - 2\sin x\cos x - \sin^4 x - 1 > 0$.

解　因为

$$\cos^4 x - 2\sin x\cos x - \sin^4 x$$

$$= (\cos^2 x + \sin^2 x)(\cos^2 x - \sin^2 x) - 2\sin x\cos x$$

$$= \cos 2x - \sin 2x$$

$$= \sqrt{2}\cos\left(2x + \frac{\pi}{4}\right),$$

因此原不等式即

$$\cos\left(2x + \frac{\pi}{4}\right) > \frac{1}{\sqrt{2}}. \qquad (6.18)$$

在 $[0, 2\pi]$ 内，$\cos\alpha > \dfrac{1}{\sqrt{2}}$ 的解是

$$-\frac{\pi}{4} < \alpha < \frac{\pi}{4},$$

因此式 (6.18) 的解为

$$2k\pi - \frac{\pi}{4} < 2x + \frac{\pi}{4} < 2k\pi + \frac{\pi}{4} \quad (k \text{ 为整数}),$$

即原不等式的解为

$$-\frac{\pi}{4} + k\pi < x < k\pi \quad (k \text{ 为整数}).$$

例 16 已知 $x \in [0, 1]$ 时，不等式

$$x^2\cos\theta - x(1-x) + (1-x)^2\sin\theta > 0$$

恒成立. 求 θ 的取值范围.

解 按 x 的降幂排列得

$$x^2(\cos\theta + \sin\theta + 1) - (1 + 2\sin\theta)x + \sin\theta > 0.$$

设左边是 x 的二次函数 $f(x)$，则 $f(0) = \sin\theta > 0$，$f(1) = \cos\theta > 0$，所以 $\cos\theta + \sin\theta + 1 > 0$，函数图像是开口向上的抛物线. 顶点横坐标

$$\frac{1 + 2\sin\theta}{2(\cos\theta + \sin\theta + 1)} \in (0, 1),$$

所以函数的最小值 (顶点的纵坐标)

$$\frac{4(\cos\theta + \sin\theta + 1)\sin\theta - (1 + 2\sin\theta)^2}{4(\cos\theta + \sin\theta + 1)} > 0,$$

即

$$\sin 2\theta > \frac{1}{2}. \tag{6.19}$$

式(6.19)的解是

$$2k\pi + \frac{\pi}{6} < 2\theta < 2k\pi + \frac{5\pi}{6} \quad (k \text{ 为整数}), \tag{6.20}$$

所以

$$k\pi + \frac{\pi}{12} < \theta < k\pi + \frac{5\pi}{12} \quad (k \text{ 为整数}). \tag{6.21}$$

但 $\cos\theta > 0$，$\sin\theta > 0$，所以式(6.21)中的 k 必须为偶数，即 θ 的取值范围是

$$2n\pi + \frac{\pi}{12} < \theta < 2n\pi + \frac{5\pi}{12} \quad (n \text{ 为整数}).$$

评注　需注意式(6.21)中的 k 必须为偶数才能使 $\cos\theta$，$\sin\theta$ 为正.

例 17　已知不等式

$$\sin 2\theta - (2\sqrt{2} + \sqrt{2}a)\sin\left(\theta + \frac{\pi}{4}\right) - \frac{2\sqrt{2}}{\cos\left(\theta - \frac{\pi}{4}\right)} > -3 - 2a \tag{6.22}$$

对一切 $\theta \in \left[0, \dfrac{\pi}{2}\right]$ 均成立. 求实数 a 的取值范围.

解　$\cos\left(\theta - \dfrac{\pi}{4}\right) = \sin\left(\theta + \dfrac{\pi}{4}\right)$，式(6.22)中不用同一函数表示，实是故意作难. 设 $\sin\left(\theta + \dfrac{\pi}{4}\right) = t$，则

$$\sin 2\theta = -\cos 2\left(\theta + \frac{\pi}{4}\right) = 2\sin^2\left(\theta + \frac{\pi}{4}\right) - 1 = 2t^2 - 1.$$

式(6.22)即

$$2t^2 - 1 - (2\sqrt{2} + \sqrt{2}a)t - \frac{2\sqrt{2}}{t} + 3 + 2a > 0.$$

因为 $\theta \in \left[0, \dfrac{\pi}{2}\right]$，所以 $\theta + \dfrac{\pi}{4} \in \left[\dfrac{\pi}{4}, \dfrac{3\pi}{4}\right]$，$t \geqslant \dfrac{\sqrt{2}}{2}$. 去分母，按 t 的降幂排列，整理得

$$2t^3 - \sqrt{2}(2+a)t^2 + (2+2a)t - 2\sqrt{2} > 0,$$

即

$$(t - \sqrt{2})(2t^2 - \sqrt{2}at + 2) > 0.$$

因为 $\dfrac{\sqrt{2}}{2} \leqslant t \leqslant 1$，所以

$$2t^2 - \sqrt{2}at + 2 < 0,$$

$$a > \sqrt{2}\left(t + \frac{1}{t}\right). \tag{6.23}$$

因为 $t + \dfrac{1}{t}$ 在 $t \in \left[\dfrac{\sqrt{2}}{2}, 1\right]$ 内递减，所以 $t + \dfrac{1}{t}$ 在 $t = \dfrac{\sqrt{2}}{2}$ 时，取

最大值 $\dfrac{3\sqrt{2}}{2}$. 于是在

$$a > 3$$

时式 (6.23) 成立. 从而式 (6.22) 对一切 $\theta \in \left[0, \dfrac{\pi}{2}\right]$ 均成立.

另解　令 $\theta = 0$，得

$$-(2+a) - 4 > -3 - 2a,$$

所以

$$a > 3. \tag{6.24}$$

我们证明 $a > 3$ 也是式 (6.22) 对 $\theta \in \left[0, \dfrac{\pi}{2}\right]$ 成立的充分

条件.

由于式(6.22)左边 a 的系数 $-\sqrt{2}\sin\left(\theta+\dfrac{\pi}{4}\right)>$ 右边 a 的系数 -2,所以左边减去右边后,是 a 的严格增函数.要证式(6.22),只需证明在 $a=3$ 时,式(6.22)的右边 $\leqslant$ 左边,即

$$\sin 2\theta - 5\sqrt{2}\sin\left(\theta+\frac{\pi}{4}\right) - \frac{2\sqrt{2}}{\cos\left(\theta-\frac{\pi}{4}\right)} + 9 \geqslant 0. \quad (6.25)$$

令 $x=\sqrt{2}\cos\left(\theta-\dfrac{\pi}{4}\right)$,则 $x\in[1,\sqrt{2}]$,且

$$\sin 2\theta = \cos 2\left(\theta-\frac{\pi}{4}\right) = 2\cos^2\left(\theta-\frac{\pi}{4}\right) - 1 = x^2 - 1.$$

于是

$$
\begin{aligned}
\text{式}(6.25) \quad &\Leftrightarrow \quad (x^2-1-5x)x - 4 + 9x \geqslant 0 \\
&\Leftrightarrow \quad (x-1)(x^2-4x+4) \geqslant 0 \\
&\Leftrightarrow \quad (x-1)(x-2)^2 \geqslant 0.
\end{aligned}
$$

因此式(6.25)成立.从而式(6.22)成立.

评注　笔者更喜欢后一种解法.一上来就用特殊值定出必要条件 $a>3$,可谓出手不凡.比第一种解法简单许多.

例 18　函数 $F(x) = |\cos^2 x + 2\sin x\cos x - \sin^2 x + Ax + B|$ 在 $0\leqslant x\leqslant\dfrac{3\pi}{2}$ 上的最大值 M 与参数 A,B 有关.问 A,B 取什么值时,M 最小?

解　这道题比较难.

首先将函数 $F(x)$ 的表达式化简:

$$
\begin{aligned}
& \cos^2 x + 2\sin x\cos x - \sin^2 x + Ax + B \\
={} & \cos 2x + \sin 2x + Ax + B \\
={} & \sqrt{2}\sin\left(2x+\frac{\pi}{4}\right) + Ax + B
\end{aligned}
$$

$$= \sqrt{2}\sin\left(2x + \frac{\pi}{4}\right) + \frac{A}{2}\left(2x + \frac{\pi}{4}\right) + \left(B - \frac{\pi}{8}A\right)$$

$$= \sqrt{2}\sin t + A_1 t + B_1,$$

其中 $t = 2x + \dfrac{\pi}{4}, A_1 = \dfrac{A}{2}, B_1 = B - \dfrac{\pi}{8}A$，所以 $\dfrac{\pi}{4} \leqslant t \leqslant 3\pi + \dfrac{\pi}{4}$.

令 $f(t) = |\sqrt{2}\sin t + A_1 t + B_1| = F(x)(\dfrac{\pi}{4} \leqslant t \leqslant 3\pi + \dfrac{\pi}{4})$.

在 $A_1 = B_1 = 0$(这时 $A = B = 0$)时，$f(t)$ 的最大值为 $\sqrt{2}$(在 $t =$ $\dfrac{\pi}{2}, \pi + \dfrac{\pi}{2}, 2\pi + \dfrac{\pi}{2}$ 时取得). 因此 M 的最小值

$$m \leqslant \sqrt{2}.$$

另一方面，对任意 A_1, B，由

$$f\left(\frac{\pi}{2}\right) = \left|\sqrt{2} + A_1 \cdot \frac{\pi}{2} + B_1\right|,$$

$$f\left(\frac{\pi}{2} + \pi\right) = \left|-\sqrt{2} + A_1\left(\frac{\pi}{2} + \pi\right) + B_1\right|,$$

$$f\left(\frac{\pi}{2} + 2\pi\right) = \left|\sqrt{2} + A_1\left(\frac{\pi}{2} + 2\pi\right) + B_1\right|,$$

得

$$4M \geqslant f\left(\frac{\pi}{2}\right) + 2f\left(\frac{\pi}{2} + \pi\right) + f\left(\frac{\pi}{2} + 2\pi\right)$$

$$\geqslant \left|\left(\sqrt{2} + A_1 \cdot \frac{\pi}{2} + B_1\right) - 2\left(-\sqrt{2} + A_1\left(\frac{\pi}{2} + \pi\right) + B_1\right)\right.$$

$$\left. + \left(\sqrt{2} + A_1\left(\frac{\pi}{2} + 2\pi\right) + B_1\right)\right|$$

$$= 4\sqrt{2}, \tag{6.26}$$

所以恒有 $M \geqslant \sqrt{2}$，从而 $m = \sqrt{2}$.

由式(6.26)，在 $M = m = \sqrt{2}$ 时，有

$$f\left(\frac{\pi}{2}\right) = f\left(\frac{\pi}{2} + \pi\right) = f\left(\frac{\pi}{2} + 2\pi\right) = \sqrt{2}.$$

从而

$$\sqrt{2} + A_1 \cdot \frac{\pi}{2} + B_1 \leqslant \sqrt{2},$$

$$-\sqrt{2} + A_1\left(\frac{\pi}{2} + \pi\right) + B_1 \geqslant -\sqrt{2},$$

$$\sqrt{2} + A_1\left(\frac{\pi}{2} + 2\pi\right) + B_1 \leqslant \sqrt{2},$$

即

$$A_1 \cdot \frac{\pi}{2} + B_1 \leqslant 0, \tag{6.27}$$

$$A_1\left(\frac{\pi}{2} + \pi\right) + B_1 \geqslant 0, \tag{6.28}$$

$$A_1\left(\frac{\pi}{2} + 2\pi\right) + B_1 \leqslant 0, \tag{6.29}$$

式(6.28)与式(6.27)相减,得

$$A_1 \geqslant 0.$$

式(6.29)与式(6.28)相减,得

$$A_1 \leqslant 0.$$

从而 $A_1 = 0$.式(6.28)、式(6.29)分别变成

$$B_1 \geqslant 0,$$

$$B_1 \leqslant 0,$$

所以 $B_1 = 0$.

由 $A_1 = B_1 = 0$ 得 $A = B = 0$.

于是,当且仅当 $A = B = 0$ 时,M 取最小值 $m = \sqrt{2}$.

例 19　在△ABC 中,三边长分别为 a,b,c,$C \geqslant 60°$.求证:

$$(a+b)\left(\frac{1}{a}+\frac{1}{b}+\frac{1}{c}\right) \geqslant 4 + \frac{1}{\sin\dfrac{C}{2}}. \qquad (6.30)$$

证明　$C \geqslant 60°$,所以 C 不是△ABC 中最小的角.在式(6.30)中,A,B 地位对称,而 C 特殊.不妨设

$$A \geqslant B.$$

于是

$$\text{式}(6.30)\text{左边} = 2 + \frac{b}{a} + \frac{a}{b} + \frac{a+b}{c}$$

$$= 2 + \frac{\sin B}{\sin A} + \frac{\sin A}{\sin B} + \frac{\sin A + \sin B}{\sin C}$$

$$= 2 + \frac{\sin^2 A + \sin^2 B}{\sin A \sin B} + \frac{\cos\dfrac{A-B}{2}}{\sin\dfrac{C}{2}}, \qquad (6.31)$$

所以

$$\text{式}(6.30) \quad \Longleftrightarrow \quad \frac{\sin^2 A + \sin^2 B}{\sin A \sin B} - 2 \geqslant \frac{1 - \cos\dfrac{A-B}{2}}{\sin\dfrac{C}{2}}. $$

$$\qquad (6.32)$$

因为

$$\frac{\sin^2 A + \sin^2 B}{\sin A \sin B} - 2 = \frac{(\sin A - \sin B)^2}{\sin A \sin B} = \frac{4\sin^2\dfrac{A-B}{2}\cos^2\dfrac{A+B}{2}}{\sin A \sin B}$$

$$= \frac{8\sin^2\dfrac{A-B}{2}\sin^2\dfrac{C}{2}}{\cos(A-B) - \cos(A+B)}$$

$$= \frac{4\sin^2\dfrac{A-B}{2}\sin^2\dfrac{C}{2}}{\cos^2\dfrac{A-B}{2} - \cos^2\dfrac{A+B}{2}}, \qquad (6.33)$$

所以式(6.32)即

$$\frac{4\sin^2\dfrac{A-B}{2}\sin^2\dfrac{C}{2}}{\cos^2\dfrac{A-B}{2}-\cos^2\dfrac{A+B}{2}}\geqslant\frac{1-\cos\dfrac{A-B}{2}}{\sin\dfrac{C}{2}}. \qquad (6.34)$$

因为 $C\geqslant60°$,所以 $\sin\dfrac{C}{2}\geqslant\dfrac{1}{2}$,式(6.34)可由

$$\frac{\sin^2\dfrac{A-B}{2}}{\cos^2\dfrac{A-B}{2}}\geqslant2\left(1-\cos\dfrac{A-B}{2}\right) \qquad (6.35)$$

推出.

$$式(6.35)左边\geqslant\frac{\sin^2\dfrac{A-B}{2}}{\cos^2\dfrac{A-B}{4}}=4\sin^2\dfrac{A-B}{4}=2\left(1-\cos\dfrac{A-B}{2}\right)$$

$$=式(6.35)右边.$$

评注 不等式的证明需要在适当的地方作适当的放缩.本题得到式(6.34)后,将 $\sin\dfrac{C}{2}$ 缩为 $\dfrac{1}{2}$,这一步在常理之中,因为 $C\geqslant60°$,其中本包括 $C=60°\left(\sin\dfrac{C}{2}=\dfrac{1}{2}\right)$ 的情况.但将分母 $\cos^2\dfrac{A+B}{2}$ 略去可谓大胆,不过由于 $A=B$ 时,式(6.34)的两边为 0,变成式(6.35)后仍然保持这种两边相等(均为 0)的情况,所以可大胆尝试一下.接下来,式(6.35)左边分母进一步增大为 $\cos^2\dfrac{A-B}{4}$,可与分子相约,也可谓大胆.不等式的证明,有时就要胆大心细.当然也不可胆大妄为,如开始将 $(a+b)\left(\dfrac{1}{a}+\dfrac{1}{b}\right)$ 缩

为 4,那么不等式就不成立了.需要小心处理得出式(6.31).

例 20 a,b,c 三个数都在区间 $\left(0,\dfrac{\pi}{2}\right)$ 中,并且满足

$$a = \cos a, \quad b = \sin(\cos b), \quad c = \cos(\sin c). \quad (6.36)$$

试按从小到大的顺序排列这三个数.

解 因为 $0<x<\dfrac{\pi}{2}$ 时,$\sin x<x$,所以取 $x=\cos b$ 得

$$b = \sin(\cos b) < \cos b. \quad (6.37)$$

又 $\sin c<c$,而 $\cos x$ 在 $\left(0,\dfrac{\pi}{2}\right)$ 中递减,所以

$$c = \cos(\sin c) > \cos c. \quad (6.38)$$

如图 6.1 所示,直线 $y=x$ 与余弦函数 $y=\cos x$ 的图像相交于一点,这点的横坐标即 a.在 $\left(a,\dfrac{\pi}{2}\right)$ 上,$x>\cos x$;而在 $(0,a)$ 上,$x<\cos x$,所以 $b\in(0,a)$,$c\in\left(a,\dfrac{\pi}{2}\right)$,故 $b<a<c$.

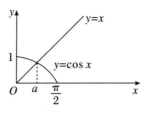

图 6.1

本题只用最简单的图像:直线 $y=x$ 与余弦函数 $y=\cos x$ 即可解决问题.

如不用图像,可利用函数 $x-\cos x$ 的递增性(导数 $(x-\cos x)'=1+\sin x>0$,所以 $x-\cos x$ 递增.或者由 $x_2>x_1$ 时,

$$(x_2 - \cos x_2) - (x_1 - \cos x_1)$$

$$= (x_2 - x_1) - 2\sin\frac{x_2 - x_1}{2}\sin\frac{x_2 + x_1}{2}$$

$$> (x_2 - x_1) - 2 \cdot \frac{x_2 - x_1}{2} = 0,$$

得出 $x - \cos x$ 递增),由负而零而正,得出

$$b < a < c.$$

千万不要"想入非非",考虑 $y = \cos(\sin x)$,$y = \sin(\cos x)$ 等的图像,自寻烦恼.

例 21 在 $\triangle ABC$ 中,求证:

$$\cos A\cos B + \cos B\cos C + \cos C\cos A \leqslant 6\sin\frac{A}{2}\sin\frac{B}{2}\sin\frac{C}{2}.$$

$$(6.39)$$

证明

$$6\sin\frac{A}{2}\sin\frac{B}{2}\sin\frac{C}{2} = \frac{3\sin A\sin B\sin C}{4\cos\frac{A}{2}\cos\frac{B}{2}\cos\frac{C}{2}}. \qquad (6.40)$$

在 $\triangle ABC$ 中,由和差化积,有

$$\begin{aligned}
\sin A + \sin B + \sin C &= 2\sin\frac{A}{2}\cos\frac{A}{2} + 2\sin\frac{B+C}{2}\cos\frac{B-C}{2} \\
&= 2\cos\frac{B+C}{2}\cos\frac{A}{2} + 2\cos\frac{A}{2}\cos\frac{B-C}{2} \\
&= 2\cos\frac{A}{2}\left(\cos\frac{B+C}{2} + \cos\frac{B-C}{2}\right) \\
&= 4\cos\frac{A}{2}\cos\frac{B}{2}\cos\frac{C}{2}. \qquad (6.41)
\end{aligned}$$

因此式(6.39)即

$$(\sin A + \sin B + \sin C)(\cos A\cos B + \cos B\cos C + \cos C\cos A)$$

$$\leqslant 3\sin A\sin B\sin C.$$

$$(6.42)$$

不妨设 $A \geqslant B \geqslant C$.

在 $A < 90°$ 时,

$$\sin A \geqslant \sin B \geqslant \sin C,$$

$$\cos A \cos B \leqslant \cos C \cos A \leqslant \cos B \cos C.$$

于是由排序不等式,有

$$\cos A \cos B \sin C + \cos C \cos A \sin B + \cos B \cos C \sin A$$

$$\geqslant \cos A \cos B \sin A + \cos C \cos A \sin C + \cos B \cos A \sin B,$$

$$\cos A \cos B \sin C + \cos C \cos A \sin B + \cos B \cos C \sin A$$

$$\geqslant \cos A \cos B \sin B + \cos C \cos A \sin A + \cos B \cos A \sin C,$$

所以

$$\cos A \cos B \sin C + \cos C \cos A \sin B + \cos B \cos C \sin A$$

$$\geqslant \frac{1}{3}(\cos A \cos B + \cos C \cos A + \cos B \cos C)$$

$$\times (\sin A + \sin B + \sin C). \qquad (6.43)$$

要证式(6.42),只需再证明一个恒等式

$$\cos A \cos B \sin C + \cos C \cos A \sin B + \cos B \cos C \sin A$$

$$= \sin A \sin B \sin C. \qquad (6.44)$$

因为

$$式(6.44)左边 = \frac{1}{2}(\cos(A + B) + \cos(A - B))\sin C$$

$$+ \frac{1}{2}(\cos(C + A) + \cos(C - A))\sin B$$

$$+ \frac{1}{2}(\cos(B + C) + \cos(B - C))\sin A$$

$$= \frac{1}{4}(3\sin(A + B + C) + \sin(A + B - C)$$

$$+ \sin(A - B + C) + \sin(B + C - A))$$

$$= \frac{1}{4}(0 + \sin 2C + \sin 2B + \sin 2A)$$

$$= \frac{1}{2}(\sin C \cos C + \sin(A + B)\cos(A - B))$$

$$= \frac{\sin C}{2}(\cos(A - B) - \cos(A + B))$$

$$= \sin A \sin B \sin C = 右边.$$

因此,在 $A < 90°$ 时,式(6.39)成立.

在 $A \geqslant 90°$ 时,$\cos A \leqslant 0$,$B = 180° - A - C \leqslant 90° - C$,所以

$$\cos B + \cos C \geqslant \cos(90° - C) + \cos C$$

$$= \sin C + \cos C \geqslant 1,$$

$$\cos A \cos B + \cos B \cos C + \cos C \cos A$$

$$= -(\cos B + \cos C)\cos(B + C) + \cos B \cos C$$

$$\leqslant -\cos(B + C) + \cos B \cos C = \sin B \sin C$$

$$= 4\sin \frac{B}{2} \sin \frac{C}{2} \cos \frac{B}{2} \cos \frac{C}{2}$$

$$\leqslant 4\sin \frac{B}{2} \sin \frac{C}{2}$$

$$< 6 \times \frac{\sqrt{2}}{2} \sin \frac{B}{2} \sin \frac{C}{2}$$

$$\leqslant 6\sin \frac{A}{2} \sin \frac{B}{2} \sin \frac{C}{2}.$$

从上面的推导可以看出,当且仅当 $A = B = C = 60°$ 时,式(6.39)中等号成立.

本题解法较长,但我们顺便证明了两个恒等式式(6.41)和式(6.44),不无所获.

本题还有一个几何解释:设△ABC 为锐角三角形,垂心 H 到三边距离分别为 x,y,z,内切圆半径为 r,则

$$x + y + z \leqslant 3r \tag{6.45}$$

(设 AD 为高,则

$$x = HD = BD\tan\angle HBC = BD\cot C = AB\cos B \cot C$$
$$= 2R\sin C\cos B\cot C = 2R\cos B\cos C.$$

同样可得 y,z,而由第 9 章习题 88, $r = 4R\sin\dfrac{A}{2}\sin\dfrac{B}{2}\sin\dfrac{C}{2}$).

几何不等式(6.45)可用上面的式(6.39)证明,而证明式(6.39)却不必先化成式(6.45)再证.

例 22 在锐角三角形 ABC 中,已知

$$\left(\sqrt{\frac{\sin B}{\sin A}} + \sqrt{\frac{\sin C}{\sin A}}\right)\cos A + \left(\sqrt{\frac{\sin C}{\sin B}} + \sqrt{\frac{\sin A}{\sin B}}\right)\cos B$$
$$+ \left(\sqrt{\frac{\sin A}{\sin C}} + \sqrt{\frac{\sin B}{\sin C}}\right)\cos C$$
$$= 2(\cos A + \cos B + \cos C). \tag{6.46}$$

判断△ABC 的形状,并给出证明.

解　△ABC 是正三角形时,式(6.46)显然成立.问题是它的逆命题,即式(6.46)成立时,△ABC 一定是正三角形.为此,我们证明:对任意的锐角三角形 ABC,下式

$$\sum \left(\sqrt{\frac{\sin B}{\sin A}} + \sqrt{\frac{\sin C}{\sin A}}\right)\cos A \geqslant 2\sum\cos A \tag{6.47}$$

只有在△ABC 是正三角形时,式(6.47)中等号成立.

式(6.47)的两边都有三个角:A,B,C.我们将它们"分离",确切地说,我们证明仅含 A,B 的不等式

$$\sqrt{\frac{\sin B}{\sin A}}\cos A + \sqrt{\frac{\sin A}{\sin B}}\cos B \geqslant \cos A + \cos B, \tag{6.48}$$

以及类似地,一个仅含 B,C 的不等式与一个仅含 C,A 的不等式.

不妨设 $A \geqslant B$.这时 $\cos A \leqslant \cos B$,$\sin A \geqslant \sin B$.又

$$\sqrt{\frac{\sin B}{\sin A}} + \sqrt{\frac{\sin A}{\sin B}} \geqslant 2\sqrt{\sqrt{\frac{\sin B}{\sin A}}\sqrt{\frac{\sin A}{\sin B}}} = 2, \quad (6.49)$$

所以式(6.48)的左边减去右边,有

$$\left(\sqrt{\frac{\sin A}{\sin B}} - 1\right)\cos B + \left(\sqrt{\frac{\sin B}{\sin A}} - 1\right)\cos A$$

$$\geqslant \left(\sqrt{\frac{\sin A}{\sin B}} - 1\right)\cos A + \left(\sqrt{\frac{\sin B}{\sin A}} - 1\right)\cos A$$

$$= \left(\sqrt{\frac{\sin A}{\sin B}} + \sqrt{\frac{\sin B}{\sin A}} - 2\right)\cos A \geqslant 0, \quad (6.50)$$

即式(6.48)成立.而且当且仅当 $A = B$ 时,等号成立.

从而式(6.47)成立,当且仅当 $A = B = C$ 时,等号成立.

"分离"是关键.含三个变量的不等式,如果能分成三个不等式,每个各含两个变量甚至各含一个变量,那么问题的难度就大大减少了(当然并不是所有含三个变量的不等式都是能分离的).

例 23　A,B,C 分别为 $\triangle ABC$ 的三个内角.求证:

$$(1 - \cos A)(1 - \cos B)(1 - \cos C) \geqslant \cos A\cos B\cos C. \quad (6.51)$$

证明　在 $\triangle ABC$ 不是锐角三角形时,式(6.51)右边 $\leqslant 0$,式(6.51)显然成立.因此,以下设 $\triangle ABC$ 为锐角三角形.

$$\frac{(1 - \cos A)(1 - \cos B)}{\cos A\cos B} = \frac{1 - \cos A - \cos B}{\cos A\cos B} + 1$$

$$= \frac{2\left(1 - 2\cos\dfrac{A+B}{2}\cos\dfrac{A-B}{2}\right)}{\cos(A+B) + \cos(A-B)} + 1 \geqslant \frac{2\left(1 - 2\cos\dfrac{A+B}{2}\right)}{\cos(A+B) + 1} + 1$$

$$= \frac{1 - 2\cos\dfrac{A+B}{2} + \dfrac{1 + \cos(A+B)}{2}}{\dfrac{1 + \cos(A+B)}{2}} = \left(\frac{1 - \cos\dfrac{A+B}{2}}{\cos\dfrac{A+B}{2}}\right)^2$$

$$= \left(\frac{1 - \sin\dfrac{C}{2}}{\sin\dfrac{C}{2}}\right)^2 = \frac{2\left(1 - \sin\dfrac{C}{2}\right)^2}{1 - \cos C},$$

$$\tag{6.52}$$

因此

$$\frac{(1-\cos A)(1-\cos B)(1-\cos C)}{\cos A \cos B} \geqslant \frac{2\left(1 - \sin\dfrac{C}{2}\right)^2}{1 - \cos C} \times (1 - \cos C)$$

$$= 2\left(1 - \sin\frac{C}{2}\right)^2$$

$$= 2\sin^2\frac{C}{2} - 4\sin\frac{C}{2} + 2$$

$$= 4\sin^2\frac{C}{2} - 4\sin\frac{C}{2} + 1 + 1$$

$$- 2\sin^2\frac{C}{2}$$

$$= \left(2\sin\frac{C}{2} - 1\right)^2 + \cos C$$

$$\geqslant \cos C.$$

即式(6.51)成立.

从上面推导可以看出当且仅当 $A = B = C = \dfrac{\pi}{3}$ 时,式(6.51)中等号成立.

例 24 已知 $0 < A, B, C$,并且 $A + B + C = \pi$.求证:

$$\sqrt{1 - \sin A \sin B} + \sqrt{1 - \sin B \sin C} + \sqrt{1 - \sin C \sin A} \geqslant \frac{3}{2}.$$

$$(6.53)$$

证明 A, B, C 显然构成一个三角形的三个内角.

棘手的问题是如何去掉根号,"有理化".因为

$$1 - \sin B \sin C = 1 + \frac{1}{2}(\cos(B + C) - \cos(B - C))$$

$$= \frac{1 + \cos(B + C)}{2} + \frac{1 - \cos(B - C)}{2}$$

$$= \cos^2 \frac{B + C}{2} + \sin^2 \frac{B - C}{2}$$

$$= \cos^2 \frac{B + C}{2} \left(1 + \frac{\sin^2 \dfrac{B - C}{2}}{\cos^2 \dfrac{B + C}{2}} \right)$$

$$\geqslant \cos^2 \frac{B + C}{2} \left(1 + \frac{\sin^2 \dfrac{B - C}{2}}{\cos^2 \dfrac{B - C}{2}} \right)$$

$$= \frac{\cos^2 \dfrac{B + C}{2}}{\cos^2 \dfrac{B - C}{2}},$$

所以

$$\sqrt{1 - \sin B \sin C} \geqslant \frac{\cos \dfrac{B + C}{2}}{\cos \dfrac{B - C}{2}} = \frac{\sin \dfrac{A}{2}}{\cos \dfrac{B - C}{2}}. \quad (6.54)$$

设前面提及的三角形的三边分别为 a, b, c,则

$$\frac{\sin\dfrac{A}{2}}{\cos\dfrac{B-C}{2}}=\frac{2\cos\dfrac{A}{2}\sin\dfrac{A}{2}}{2\cos\dfrac{A}{2}\cos\dfrac{B-C}{2}}$$

$$=\frac{\sin A}{\cos\dfrac{A+B-C}{2}+\cos\dfrac{A-B+C}{2}}$$

$$=\frac{\sin A}{\sin B+\sin C}=\frac{a}{b+c}. \tag{6.55}$$

熟知对于正数 a,b,c,有

$$\frac{a}{b+c}+\frac{b}{c+a}+\frac{c}{a+b}\geqslant\frac{3}{2}, \tag{6.56}$$

因此

$$\sum\sqrt{1-\sin B\sin C}\geqslant\sum\frac{a}{b+c}\geqslant\frac{3}{2}.$$

评注　(1) 利用三角变形,敢于放缩,根号也不难去掉.

(2) 式(6.56)的证法很多.例如利用排序不等式.设 $a\geqslant b\geqslant c$,则 $\dfrac{1}{b+c}\geqslant\dfrac{1}{c+a}\geqslant\dfrac{1}{a+b}$,所以

$$2\sum\frac{a}{b+c}\geqslant\left(\frac{b}{b+c}+\frac{c}{c+a}+\frac{a}{a+b}\right)+\left(\frac{c}{b+c}+\frac{a}{c+a}+\frac{b}{a+b}\right)=3.$$

例 25　已知 $A+B+C=(2n+1)\pi,x,y,z$ 为实数.求证:

$$x^2+y^2+z^2-2xy\cos C-2yz\cos A-2zx\cos B\geqslant0. \tag{6.57}$$

证明　利用配方即可证明.

$$x^2+y^2+z^2-2xy\cos C-2yz\cos A-2zx\cos B$$

$$=(x-y\cos C-z\cos B)^2+y^2\sin^2 C+z^2\sin^2 B$$

$$\qquad-2yz(\cos A+\cos B\cos C)$$

$$=(x-y\cos C-z\cos B)^2+y^2\sin^2 C+z^2\sin^2 B$$

$$- 2yz(-\cos(B + C) + \cos B\cos C)$$
$$= (x - y\cos C - z\cos B)^2 + (y\sin C - z\sin B)^2$$
$$\geqslant 0.$$

本题的结论颇多应用.

例 26　设 x,y,z 为正实数, A,B,C 为 $\triangle ABC$ 的内角. 求证:

$$x\sin A + y\sin B + z\sin C \leqslant \frac{1}{2}(xy + yz + zx)\sqrt{\frac{x + y + z}{xyz}}.$$
$$(6.58)$$

证明　式(6.58)比较复杂, 尤其是右边, 既有相除, 又有根号, 有点恐怖.

不要怕, 一步一步地做下去. 先去根号, 式(6.58)等价于

$$4\left(\sum x\sin A\right)^2 \leqslant \left(\sum xy\right)^2 \cdot \frac{x + y + z}{xyz}. \quad (6.59)$$

再由柯西(Cauchy)不等式, 有

$$\left(\sum x\sin A\right)^2 \leqslant \sum x \cdot \sum x\sin^2 A. \quad (6.60)$$

于是式(6.59)可由下式推出:

$$4\sum x\sin^2 A \leqslant \frac{\left(\sum xy\right)^2}{xyz}. \quad (6.61)$$

式(6.61)还有点复杂. 我们令

$$a = yz, \quad b = zx, \quad c = xy, \quad (6.62)$$

那么式(6.60)去分母后化为

$$4\sum bc\sin^2 A \leqslant \left(\sum a\right)^2, \quad (6.63)$$

即

$$a^2 + b^2 + c^2 + 2ab\cos 2C + 2bc\cos 2A + 2ca\cos 2B \geqslant 0.$$
$$(6.64)$$

这与例 25 的不等式很接近(这里的 a,b,c 就是那里的 x,y, z).再将式(6.64)改写为

$$a^2 + b^2 + c^2 - 2ab\cos(\pi - 2C) - 2bc\cos(\pi - 2A)$$
$$- 2ca\cos(\pi - 2B) \geqslant 0, \qquad (6.65)$$

则因为 $(\pi - 2C) + (\pi - 2A) + (\pi - 2B) = 3\pi - 2\pi = \pi$,所以由例 25 即知式(6.64)成立.从而式(6.58)成立.

第7章 三角与分析

三角函数只是万千函数中的一类,它在初等数学分析(即微积分,也叫作函数分析)中地位并不突出(直至出现三角级数与傅里叶(Fourier)分析).更多的时候是将分析的结果应用于三角函数.

例1 求证:

(1) $\lim\limits_{x \to 0} \sin x = 0$;

(2) $\lim\limits_{x \to 0} \cos x = 1$;

(3) $\lim\limits_{x \to 0} \tan x = 0$.

证明 (1) 因为 $x \to 0$,可设 $-\dfrac{\pi}{2} < x < \dfrac{\pi}{2}$.这时 $0 \leqslant |\sin x| = \sin |x| \leqslant |x|$.

因为 $|x| \to 0$,$|x|$ 是无穷小,所以 $\sin x$ 也是无穷小(对任意正数 ε,在 $|x| < \varepsilon$ 时,就有 $|\sin x| < \varepsilon$),即 $\lim\limits_{x \to 0} \sin x = 0$.

(2) $\lim\limits_{x \to 0} \cos x = \lim\limits_{x \to 0} \sqrt{1 - \sin^2 x} = \sqrt{1 - (\lim\limits_{x \to 0} \sin x)^2} = \sqrt{1 - 0} = 1$.

(3) $\lim\limits_{x \to 0} \tan x = \dfrac{\lim\limits_{x \to 0} \sin x}{\lim\limits_{x \to 0} \cos x} = \dfrac{0}{1} = 0$.

如果 $g(x) \leqslant f(x) \leqslant h(x)$,并且

$$\lim\limits_{x \to 0} g(x) = \lim\limits_{x \to 0} h(x),$$

那么$\lim\limits_{x\to 0} f(x)$存在,并且与$\lim\limits_{x\to 0} g(x)$相同. 这是我们熟知的"夹逼定理".

例2 求证:$\lim\limits_{x\to 0}\dfrac{\sin x}{x}=1$.

证明 因为$\dfrac{\sin(-x)}{-x}=\dfrac{\sin x}{x}$,可设 $x>0$. 又

$$\sin x < x < \tan x,$$

所以

$$\cos x < \frac{\sin x}{x} < 1.$$

因为$\lim\limits_{x\to 0}\cos x=1$,所以由夹逼定理

$$\lim_{x\to 0}\frac{\sin x}{x}=1.$$

关于导数,我们有

$$(\sin x)'=\cos x,\quad (\cos x)'=-\sin x,\quad (\tan x)'=\frac{1}{\cos^2 x}.$$

因此,在$\cos x>0$时,$\sin x$增;在$\cos x<0$时,$\sin x$减. 在$\sin x>0$时,$\cos x$减;在$\sin x<0$时,$\cos x$增. 在不含间断点$\left(x=k\pi+\dfrac{\pi}{2}\right)$的区间内,$\tan x$增. 以上结论均可由图像直观看出,理论根据则由导数的正负给出.

例3 证明:

(1) $(\sin x)'=\cos x$;

(2) $(\cos x)'=-\sin x$;

(3) $(\tan x)'=\dfrac{1}{\cos^2 x}$.

证明 (1) $\lim\limits_{h\to 0}\dfrac{\sin(x+h)-\sin x}{h}=\lim\limits_{h\to 0}\dfrac{2\sin\dfrac{h}{2}\cos\left(x+\dfrac{h}{2}\right)}{h}$

$$= \lim_{h \to 0} \frac{\sin \dfrac{h}{2}}{\dfrac{h}{2}} \cdot \lim_{h \to 0} \cos\left(x + \frac{h}{2}\right) = 1 \times \cos x = \cos x, 即(\sin x)' =$$

$\cos x.$

（2）$(\cos x)' = \left(\sin\left(\dfrac{\pi}{2} - x\right)\right)' = -\cos\left(\dfrac{\pi}{2} - x\right) = -\sin x.$

（3）$(\tan x)' = \left(\dfrac{\sin x}{\cos x}\right)' = \dfrac{\cos x \cos x - \sin x(-\sin x)}{\cos^2 x}$

$= \dfrac{1}{\cos^2 x}.$

例 4　求证：在 $0 < x \leqslant \dfrac{\pi}{2}$ 时，$1 > \dfrac{\sin x}{x} \geqslant \dfrac{2}{\pi}.$

证明　$\left(\dfrac{\sin x}{x}\right)' = \dfrac{x \cos x - \sin x}{x^2}.$ 在 $x = \dfrac{\pi}{2}$ 时，分子为 -1，

导数 < 0. 在 $x \neq \dfrac{\pi}{2}$ 时，导数 $= \dfrac{x - \tan x}{x^2/\cos x} < 0.$

所以 $\dfrac{\sin x}{x}$ 在 $\left(0, \dfrac{\pi}{2}\right]$ 上递减. 最小值在 $x = \dfrac{\pi}{2}$ 时取得，从而

$$\dfrac{2}{\pi} \leqslant \dfrac{\sin x}{x} < 1.$$

由例 3，有

$$\int \cos x \, dx = \sin x, \qquad \int \sin x \, dx = -\cos x, \qquad \int \dfrac{1}{\cos^2 x} dx = \tan x.$$

例 5　计算正弦曲线 $y = \sin x (0 \leqslant x \leqslant \pi)$ 与 x 轴所围成的面积.

解　$\displaystyle\int_0^\pi \sin x \, dx = -\cos x \Big|_0^\pi = \cos 0 - \cos \pi = 2.$

但是正弦曲线的弧长是"椭圆积分"，无法用初等函数表示，虽然有很多方法可求弧长的近似值.

$\sin x, \cos x$ 都可展成无穷的幂级数:

$$\sin x = x - \frac{x^3}{3!} + \frac{x^5}{5!} - \cdots + \frac{(-1)^n x^{2n+1}}{(2n+1)!} + \cdots, \quad (7.1)$$

$$\cos x = 1 - \frac{x^2}{2!} + \frac{x^4}{4!} - \cdots + \frac{(-1)^n x^{2n}}{(2n)!} + \cdots. \quad (7.2)$$

$\tan x$ 也可展成幂级数,但没有 $\sin x, \cos x$ 的简单. 倒是

$$\arctan x = x - \frac{x^3}{3} + \frac{x^5}{5} - \cdots + \frac{(-1)^n x^{2n+1}}{2n+1} + \cdots, \quad (7.3)$$

就是把 $\sin x$ 的展开式去掉"!"号. 式(7.1)和式(7.2)都是对所有 x 成立,而式(7.3)只对 $|x| < 1$ 成立.

在式(7.3)中令 $x = 1$ 就得到一个有趣的式子

$$\frac{\pi}{4} = 1 - \frac{1}{3} + \frac{1}{5} - \frac{1}{7} + \cdots + \frac{(-1)^n}{2n+1} + \cdots. \quad (7.4)$$

对另一个重要的数 e,e^x 也可展开幂级数:

$$e^x = 1 + x + \frac{x^2}{2!} + \frac{x^3}{3!} + \cdots + \frac{x^n}{n!} + \cdots. \quad (7.5)$$

式(7.5)也是对所有的实数 x 成立.

有趣的是式(7.1)、式(7.2)和式(7.5)甚至对于复数 x 也都是成立的,所以可以得到

$$e^{ix} = 1 + ix - \frac{x^2}{2!} - \frac{ix^3}{3!} + \frac{x^4}{4!} + \frac{ix^5}{5!} - \frac{x^6}{6!} + \cdots = \cos x + i\sin x.$$

$$(7.6)$$

公式(7.6)($e^{ix} = \cos x + i\sin x$)称为欧拉(Euler)恒等式. 令 $x = \pi$ 就得到

$$e^{i\pi} + 1 = 0. \quad (7.7)$$

它将数学中五个最重要的数:e,π,1,i(虚数单位),0 联系在一起,可谓天作之合.

下面再讨论几个与三角函数有关的极值问题.

例6　设 $0 \leqslant \alpha \leqslant 1, 0 \leqslant x \leqslant \pi$. 求证:

$$(2\alpha - 1)\sin x + (1 - \alpha)\sin(1 - \alpha)x \geqslant 0. \qquad (7.8)$$

证明　例4已证明 $\dfrac{\sin x}{x}$ 在 $\left(0, \dfrac{\pi}{2}\right)$ 上递减. 而在 $\left(\dfrac{\pi}{2}, \pi\right]$ 上,
因为 $\cos x < 0, \sin x > 0$, 所以仍有

$$\left(\frac{\sin x}{x}\right)' = \frac{x\cos x - \sin x}{x^2} < 0, \qquad (7.9)$$

即 $\dfrac{\sin x}{x}$ 在 $(0, \pi]$ 上严格递减, 从而

$$\frac{\sin x}{x} \leqslant \frac{\sin(1 - \alpha)x}{(1 - \alpha)x},$$

即

$$(1 - \alpha)\sin x \leqslant \sin(1 - \alpha)x, \qquad (7.10)$$

$$(2\alpha - 1)\sin x + (1 - \alpha)\sin(1 - \alpha)x$$

$$\geqslant (2\alpha - 1)\sin x + (1 - \alpha)^2 \sin x$$

$$= \alpha^2 \sin x \geqslant 0.$$

例7　已知 a, b 是正的常数, x 是锐角. 求函数

$$y = \frac{a}{\sin^n x} + \frac{b}{\cos^n x} \qquad (7.11)$$

的最小值.

解　这种题当然以利用导数最为简单.

$$y' = \frac{na\cos x}{\sin^{n+1} x} - \frac{nb\sin x}{\cos^{n+1} x}. \qquad (7.12)$$

在 $x = \arctan \sqrt[n+2]{\dfrac{a}{b}}$ 时, $y' = 0$. 而且在区间 $\left(0, \dfrac{\pi}{2}\right)$ 内 y' 仅
有这一个零点. $x > \arctan \sqrt[n+2]{\dfrac{a}{b}}$ 时, $y' > 0$, y 递增. $x <$

$\arctan\sqrt[n+2]{\dfrac{a}{b}}$时,$y' < 0$,$y$ 递减. 所以函数式(7.11)在

$$x = \arctan\sqrt[n+2]{\dfrac{a}{b}}$$

时,取得最小值. 最小值为

$$(a^{\frac{2}{n+2}} + b^{\frac{2}{n+2}})^{\frac{n+2}{2}}.$$

例 8　求函数 $f(x,\theta) = \dfrac{x^2 + 2x\sin\theta + 2}{x^2 + 2x\cos\theta + 2}(x,\theta\in\mathbf{R})$ 的最大值与最小值.

解　简记 $f(x,\theta)$ 为 f,$x = 0$ 时,$f = 1$.

以下设 $x > 0$($x < 0$ 的情况,可换 θ 为 $\theta + \pi$,$-x$ 为 x,化成 $x > 0$ 的情况). 又可设 $f > 1$,即 $\sin\theta > \cos\theta$($\sin\theta < \cos\theta$ 时,换 θ 为 $\dfrac{\pi}{2} - \theta$,化成 $F = \dfrac{1}{f} = \dfrac{x^2 + 2x\sin\theta + 2}{x^2 + 2x\cos\theta + 2}$,即 $\sin\theta > \cos\theta$ 的情况),求 f 的最大值.

$$\begin{aligned}
f' \cdot P &= (2x + 2\sin\theta)(x^2 + 2x\cos\theta + 2) \\
&\quad - (2x + 2\cos\theta)(x^2 + 2x\sin\theta + 2) \\
&= 2(\sin\theta - \cos\theta)(2 - x^2),
\end{aligned}$$

其中 $P = (x^2 + 2x\cos\theta + 2)^2 \geqslant 0$. 所以在 $x \leqslant \sqrt{2}$ 时,$f' \geqslant 0$；$x > \sqrt{2}$ 时,$f' < 0$. f 在 $x = \sqrt{2}$ 时取最大值 $\dfrac{\sqrt{2} + \sin\theta}{\sqrt{2} + \cos\theta}$.

$$\left(\dfrac{\sqrt{2} + \sin\theta}{\sqrt{2} + \cos\theta}\right)' = \dfrac{\cos\theta(\sqrt{2} + \cos\theta) + \sin\theta(\sqrt{2} + \sin\theta)}{(\sqrt{2} + \cos\theta)^2}$$

$$= \dfrac{\sqrt{2}(\sin\theta + \cos\theta) + 1}{(\sqrt{2} + \cos\theta)^2} = \dfrac{2\cos\left(\theta - \dfrac{\pi}{4}\right) + 1}{(\sqrt{2} + \cos\theta)^2}.$$

在

$$2\cos\left(\theta - \frac{\pi}{4}\right) + 1 = 0 \tag{7.13}$$

时,$\dfrac{\sqrt{2} + \sin\theta}{\sqrt{2} + \cos\theta}$ 取得最大值.

式(7.13)的解是

$$\theta = \frac{\pi}{4} + \frac{2\pi}{3} = \frac{11}{12}\pi,$$

即 $\dfrac{\sqrt{2} + \sin\theta}{\sqrt{2} + \cos\theta}$ 在 $\theta = \dfrac{11}{12}\pi$ 时最大,这时

$$\cos\theta = \cos\left(\frac{\pi}{4} + \frac{2\pi}{3}\right) = \frac{\sqrt{2}}{2}\left(\cos\frac{2\pi}{3} - \sin\frac{2\pi}{3}\right)$$

$$= \frac{\sqrt{2}}{2}\left(-\frac{1}{2} - \frac{\sqrt{3}}{2}\right) = -\frac{\sqrt{6} + \sqrt{2}}{4},$$

$$\sin\theta = \sin\left(\frac{\pi}{4} + \frac{2\pi}{3}\right) = \frac{\sqrt{2}}{2}\left(-\frac{1}{2} + \frac{\sqrt{3}}{2}\right) = \frac{\sqrt{6} - \sqrt{2}}{4},$$

所以

$$\frac{\sqrt{2} + \sin\theta}{\sqrt{2} + \cos\theta} = \frac{4\sqrt{2} + \sqrt{6} - \sqrt{2}}{4\sqrt{2} - \sqrt{6} - \sqrt{2}} = \frac{3\sqrt{2} + \sqrt{6}}{3\sqrt{2} - \sqrt{6}} = \frac{\sqrt{3} + 1}{\sqrt{3} - 1} = 2 + \sqrt{3},$$

即 f 的最大值为 $2 + \sqrt{3}$,在 $x = \sqrt{2}$,$\theta = \dfrac{11}{12}\pi$ 时取得最大值.

$f = \dfrac{1}{F}$.在 F 最大时,f 最小,所以 f 的最小值为 $\dfrac{1}{2 + \sqrt{3}}$,即

$2 - \sqrt{3}$.在 $x = \sqrt{2}$,$\theta = -\dfrac{5}{12}\pi$ 时取得最小值.

评注　本题的 f 是二元函数(x,θ 是两个自变量).有时可以先固定一个.例如 θ,将 f 看作 x 的一元函数,得到极值(极值

是 θ 的函数).再求这个极值在 θ 变动时的极值.这样分两步走的方法有时可行,但并非是万能的.

例 9　设 $\alpha \in \left(0, \dfrac{\pi}{4}\right)$.令

$$a_n = \cos^n \alpha - \sin^n \alpha \quad (n = 1, 2, \cdots), \tag{7.14}$$

试比较 $\{a_n\}$ 各项的大小.

解

$$a_4 = \cos^4 \alpha - \sin^4 \alpha = (\cos^2 \alpha + \sin^2 \alpha)(\cos^2 \alpha - \sin^2 \alpha)$$

$$= \cos^2 \alpha - \sin^2 \alpha = a_2,$$

$$a_3 - a_2 = (\cos^3 \alpha - \sin^3 \alpha) - (\cos^2 \alpha - \sin^2 \alpha)$$

$$= (\cos \alpha - \sin \alpha)(1 + \sin \alpha \cos \alpha - \cos \alpha - \sin \alpha)$$

$$= (\cos \alpha - \sin \alpha)(1 - \cos \alpha)(1 - \sin \alpha) \geqslant 0,$$

所以

$$a_3 \geqslant a_2 = a_4. \tag{7.15}$$

下面证明 $n \geqslant 3$ 时,a_n 递减,即

$$a_n \geqslant a_{n+1}. \tag{7.16}$$

显然式(7.16)

$$\Leftrightarrow \quad \cos^n \alpha (1 - \cos \alpha) \geqslant \sin^n \alpha (1 - \sin \alpha). \tag{7.17}$$

因为 $0 < \alpha < \dfrac{\pi}{4}$,所以 $\cos \alpha > \sin \alpha$,式(7.17)可由

$$\cos^3 \alpha (1 - \cos \alpha) \geqslant \sin^3 \alpha (1 - \sin \alpha) \tag{7.18}$$

推出(两边分别乘 $\cos^{n-3} \alpha$,$\sin^{n-3} \alpha$).而式(7.18)即已证明的 $a_3 \geqslant a_4$.

关于 a_1,我们有 $a_1 \leqslant a_6$,并且 a_1 与 $a_n (n \geqslant 7)$ 不可比较,即根据 α 的值不同,有时 $a_1 \geqslant a_n$,有时 $a_1 \leqslant a_n$.

$$a_1 \leqslant a_6 \quad \Leftrightarrow \quad \cos \alpha - \sin \alpha \leqslant \cos^6 \alpha - \sin^6 \alpha$$

$$\Leftrightarrow \quad 1 \leqslant (\cos \alpha + \sin \alpha)(\cos^4 \alpha + \cos^2 \alpha \sin^2 \alpha + \sin^4 \alpha).$$

又有

$$(\cos \alpha + \sin \alpha)(\cos^4 \alpha + \cos^2 \alpha \sin^2 \alpha + \sin^4 \alpha)$$

$$= (\cos \alpha + \sin \alpha)(1 - \cos^2 \alpha \sin^2 \alpha)$$

$$= (\cos \alpha + \sin \alpha)(1 + \cos \alpha \sin \alpha)(1 - \cos \alpha \sin \alpha)$$

$$\geqslant (\cos \alpha + \sin \alpha)^2 (1 - \cos \alpha \sin \alpha)$$

$$= (1 + 2\cos \alpha \sin \alpha)(1 - \cos \alpha \sin \alpha)$$

$$= 1 + \cos \alpha \sin \alpha - 2\cos^2 \alpha \sin^2 \alpha$$

$$= 1 + \cos \alpha \sin \alpha (1 - \sin 2\alpha)$$

$$\geqslant 1.$$

因此 $a_1 \leqslant a_6$.

$$a_1 \geqslant a_7 \quad \Leftrightarrow \quad \cos \alpha - \sin \alpha \geqslant \cos^7 \alpha - \sin^7 \alpha$$

$$\Leftrightarrow \quad 1 \geqslant \cos^6 \alpha + \cos^5 \alpha \sin \alpha + \cos^4 \alpha \sin^2 \alpha$$

$$+ \cos^3 \alpha \sin^3 \alpha + \cos^2 \alpha \sin^4 \alpha + \cos \alpha \sin^5 \alpha$$

$$+ \sin^6 \alpha.$$

因为 $1 = (\cos^2 \alpha + \sin^2 \alpha)^3 = \cos^6 \alpha + 3\cos^4 \alpha \sin^2 \alpha + 3\cos^2 \alpha \sin^4 \alpha + \sin^6 \alpha$，所以上式即

$$2\cos \alpha \sin \alpha \geqslant \cos^4 \alpha + \sin^4 \alpha + \cos^2 \alpha \sin^2 \alpha. \tag{7.19}$$

令 $x = \cos \alpha \sin \alpha = \dfrac{1}{2} \sin 2\alpha \in \left(0, \dfrac{1}{2}\right)$，则式(7.19)即

$$x^2 - 2x - 1 \geqslant 0. \tag{7.20}$$

式(7.20)在 $x \geqslant \sqrt{2} - 1 = 0.414\cdots$ 时成立，所以 $a_1 \geqslant a_7$ 的成立范围是区间 $\left[\dfrac{1}{2}\arcsin 2(\sqrt{2}-1), \dfrac{\pi}{4}\right)$.

由于 $a_n(n \geqslant 3)$ 的递减性，在上述区间内，$a_1 \geqslant a_n(n \geqslant 7)$

均成立.

下面证明在 α 接近 0 时,相反的不等式 $a_1 < a_n (n \geq 2)$ 成立.事实上,在 $n \geq 2$ 时,有

$$\lim_{\alpha \to 0} \frac{\dfrac{\cos^n \alpha - \sin^n \alpha}{\cos \alpha - \sin \alpha} - 1}{\sin \alpha}$$

$$= \lim_{\alpha \to 0} \frac{\cos^{n-1} \alpha + \cos^{n-2} \alpha \sin \alpha - 1}{\sin \alpha}$$

$$= 1 + \lim_{\alpha \to 0} \frac{\cos^{n-1} \alpha - 1}{\sin \alpha}$$

$$= 1 + \lim_{\alpha \to 0} \frac{(\cos \alpha - 1)(\cos^{n-2} \alpha + \cos^{n-3} \alpha + \cdots + 1)}{\sin \alpha}$$

$$= 1 + \lim_{\alpha \to 0} \frac{-2\sin^2 \dfrac{\alpha}{2}(\cos^{n-2} \alpha + \cos^{n-3} \alpha + \cdots + 1)}{\sin \alpha} = 1,$$

即

$$a_n = \cos^n \alpha - \sin^n \alpha = a_1 + a_1 \sin \alpha (1 + o(1))$$
$$= a_1 + (\cos \alpha - \sin \alpha) \sin \alpha + o(\sin \alpha),$$

其中 $o(1)$ 表示无穷小,$o(\sin \alpha)$ 表示比 $\sin \alpha$ 高阶的无穷小($\alpha \to 0$).所以在 α 接近于 0 时,$a_n > a_1$(因为 $(\cos \alpha - \sin \alpha) \sin \alpha > 0$).

例 10　设 $\alpha \in \left(0, \dfrac{\pi}{2}\right)$.求 $\left(\dfrac{1}{\cos^n \alpha} - 1\right)\left(\dfrac{1}{\sin^n \alpha} - 1\right)$ 的最小值.这里 n 为给定自然数.

解　在 $n = 1$ 时,容易知道 $\alpha \to 0$ 时,有

$$\left(\frac{1}{\cos \alpha} - 1\right)\left(\frac{1}{\sin \alpha} - 1\right) = \frac{1 - \cos \alpha}{\sin \alpha} \cdot \frac{1 - \sin \alpha}{\cos \alpha}$$

$$= \frac{2\sin^2 \dfrac{\alpha}{2}}{\sin \alpha} \cdot \frac{1 - \sin \alpha}{\cos \alpha} \to 0,$$

所以 $\left(\dfrac{1}{\cos\alpha}-1\right)\left(\dfrac{1}{\sin\alpha}-1\right)$ 无最小值(可以任意接近于 0,即下确界为 0).

在 $n=2$ 时,有

$$\left(\dfrac{1}{\cos^2\alpha}-1\right)\left(\dfrac{1}{\sin^2\alpha}-1\right)=\dfrac{1-\cos^2\alpha}{\cos^2\alpha}\cdot\dfrac{1-\sin^2\alpha}{\sin^2\alpha}=1.$$

以下设 $n\geqslant3$.由对称性,不妨设 $\alpha\in\left(0,\dfrac{\pi}{4}\right]$.

$$\left(\dfrac{1}{\cos^n\alpha}-1\right)\left(\dfrac{1}{\sin^n\alpha}-1\right)=\dfrac{1-\cos^n\alpha-\sin^n\alpha}{\cos^n\alpha\sin^n\alpha}+1,$$

它的导数分母是 $(\cos^n\alpha\sin^n\alpha)^2>0$,分子是

$$n(\cos^{n-1}\alpha\sin\alpha-\sin^{n-1}\alpha\cos\alpha)\cos^n\alpha\sin^n\alpha$$

$$-n\cos^{n-1}\sin^{n-1}\alpha(\cos^2\alpha-\sin^2\alpha)(1-\cos^n\alpha-\sin^n\alpha)$$

$$=n\cos^{n-1}\alpha\sin^{n-1}\alpha(\cos^n\alpha\sin^2\alpha-\sin^n\alpha\cos^2\alpha$$

$$-(\cos^2\alpha-\sin^2\alpha)(1-\cos^n\alpha-\sin^n\alpha))$$

$$=n\cos^{n-1}\alpha\sin^{n-1}\alpha(\cos^{n+2}\alpha-\sin^{n+2}\alpha-(\cos^2\alpha-\sin^2\alpha))$$

$$=n\cos^{n-1}\alpha\sin^{n-1}\alpha(a_{n+2}-a_2),$$

其中 $a_n=\cos^n\alpha-\sin^n\alpha$.

由例 9,可知 $a_2=a_4\geqslant a_{n+2}$,所以上述导数 $\leqslant0$. $\left(\dfrac{1}{\cos^n\alpha}-1\right)\left(\dfrac{1}{\sin^n\alpha}-1\right)$ 在 $\left(0,\dfrac{\pi}{4}\right]$ 上递减,在 $\alpha=\dfrac{\pi}{4}$ 时取得最小值 $(2^{\frac{n}{2}}-1)^2$.

第 8 章 例 题 精 选

本章选择一些例题讲解.

有些例题的技巧或方法,如例 4、例 5、例 7,需要学习.

但大多数例题都可以自己去解.学习数学,一定要带着笔与纸,经常进行演算.尤其是书中略过的细节,一定要弄清楚.

三角中,运算(恒等变形)极多,切勿放过练习的机会,一定要多做练习,直到熟练.这种练习还可以培养我们的耐心,培养细致的习惯.

例 1 已知锐角 α,β 满足

$$\sin^2\alpha + \sin^2\beta = \sin(\alpha + \beta). \tag{8.1}$$

求证:$\alpha + \beta = \dfrac{\pi}{2}$.

证明 $\sin(\alpha + \beta) = \sin\alpha\cos\beta + \cos\alpha\sin\beta$.现在又有式 (8.1),可以通过比较发现结果.

$\alpha + \beta = \dfrac{\pi}{2}$ 即 α,β 互余,也就是 $\sin\alpha = \cos\beta$.假设不然.

若 $\cos\beta > \sin\alpha$,则 $\sin\beta = \sqrt{1 - \cos^2\beta} < \sqrt{1 - \sin^2\alpha} = \cos\alpha$,且

$$\sin(\alpha + \beta) > \sin\alpha \cdot \sin\alpha + \sin\beta \cdot \sin\beta = \sin^2\alpha + \sin^2\beta,$$

与式 (8.1) 矛盾.

若 $\cos\beta < \sin\alpha$,则 $\sin\beta > \cos\alpha$,且

$$\sin(\alpha + \beta) < \sin\alpha \cdot \sin\alpha + \sin\beta\sin\beta = \sin^2\alpha + \sin^2\beta,$$

仍与式(8.1)矛盾.

因此,必有 $\sin\alpha = \cos\beta = \sin\left(\dfrac{\pi}{2} - \beta\right)$,即 $\alpha = \dfrac{\pi}{2} - \beta$,$\alpha + \beta = \dfrac{\pi}{2}$.

本题只需用简单的反证法即可解决.其中两种情况:"若 $\cos\beta > \sin\alpha$"与"若 $\cos\beta < \sin\alpha$",证法类似,通常我们只写出一种,甚至说"不妨假设 $\cos\beta > \sin\alpha$",以避免重复的论证.

例 2 已知

$$\sin\alpha + \sin\beta = \frac{3}{5}, \tag{8.2}$$

$$\cos\alpha + \cos\beta = \frac{4}{5}. \tag{8.3}$$

求 $\cos(\alpha - \beta)$ 与 $\sin(\alpha + \beta)$ 的值.

解 式(8.2)和式(8.3)平方后相加,得

$$(\sin\alpha + \sin\beta)^2 + (\cos\alpha + \cos\beta)^2 = 1$$

$$\Rightarrow \quad 2 + 2(\sin\alpha\sin\beta + \cos\alpha\cos\beta) = 1$$

$$\Rightarrow \quad \cos(\alpha - \beta) = -\frac{1}{2}. \tag{8.4}$$

之所以将式(8.2)和式(8.3)平方相加,不仅因为 $\sin^2\alpha + \cos^2\alpha = \sin^2\beta + \cos^2\beta = 1$,更是因为看到 $\sin\alpha\sin\beta + \cos\alpha\cos\beta$ 正好是需要求的 $\cos(\alpha - \beta)$.解数学题与下棋一样,不只看到眼前的一步,更要看到最后的目标,有一个实现最后目标的计划.

如何得到 $\sin(\alpha + \beta)$ 呢?当然是将式(8.2)和式(8.3)相乘(以获得 $\sin\alpha\cos\beta + \cos\alpha\sin\beta$),得

$$\sin\alpha\cos\alpha + \sin\beta\cos\beta + (\sin\alpha\cos\beta + \cos\alpha\sin\beta) = \frac{12}{25},$$

$$\tag{8.5}$$

即

$$\frac{1}{2}(\sin 2\alpha + \sin 2\beta) + \sin(\alpha + \beta) = \frac{12}{25}$$

$$\Rightarrow \quad \cos(\alpha - \beta)\sin(\alpha + \beta) + \sin(\alpha + \beta) = \frac{12}{25}. \quad (8.6)$$

将式(8.4)代入式(8.6)得

$$\sin(\alpha + \beta) = \frac{24}{25}.$$

本题也有很多解法,但切忌先求 $\cos(\alpha + \beta)$,再利用 $\sin^2(\alpha + \beta) + \cos^2(\alpha + \beta) = 1$ 求 $\sin(\alpha + \beta)$.因为开平方时涉及正负号的确定,比较棘手.所以我们尽量避免开平方,除非确实有正负两种可能.

例 3 求:

(1) $\sin^2 10° + \cos^2 40° + \sin 10° \cos 40°$;

(2) $\sin^2 20° - \sin 5°\left(\sin 5° + \dfrac{\sqrt{6} - \sqrt{2}}{2}\cos 20°\right)$.

解 (1) 原式 $= \sin^2 10° + \sin^2 50° - 2\cos 120° \sin 10° \sin 50°$.

考虑三个内角分别为 $10°,50°,120°$ 的三角形.不妨设它的外接圆直径为1,则它的三边分别为 $\sin 10°,\sin 50°,\sin 120°$.因此由余弦定理得

$$\sin^2 10° + \sin^2 50° - 2\cos 120° \sin 10° \sin 50° = \sin^2 120° = \frac{3}{4}.$$

本题当然还有其他的计算方法,但利用余弦定理最为简明.

(2) 注意

$$\sin 15° = \sqrt{\frac{1 - \cos 30°}{2}} = \frac{1}{4}\sqrt{8 - 2\sqrt{12}} = \frac{\sqrt{6} - \sqrt{2}}{4}.$$

原式 $= \sin^2 20° - \sin^2 5° - 2\sin 5° \sin 15° \cos 20° = \sin^2 160° -$

$\sin^2 5° + 2\sin 5°\sin 15°\cos 160°$.

用与(1)相同的方法,考虑以 $160°, 5°, 15°$ 为三个内角的三角形.由余弦定理得

$$\sin^2 5° + \sin^2 15° - 2\sin 5°\sin 15°\cos 160° = \sin^2 160°,$$

所以

$$\sin^2 160° - \sin^2 5° + 2\sin 5°\sin 15°\sin 160°$$

$$= \sin^2 15° = \frac{1 - \cos 30°}{2} = \frac{2 - \sqrt{3}}{4},$$

即原式 $= \dfrac{2 - \sqrt{3}}{4}$.

一个技巧,使用了两次以上就可以称为方法.上面一再使用的技巧也可以称为方法.一般地,如果 $A + B + C = \pi$,那么

$$\sin^2 B + \sin^2 C - 2\sin B\sin C\cos A = \sin^2 A.$$

这个式子不难直接证明.它可以看作余弦定理的推广.

第4章例6也可以用这里的方法解答.

例4 求和:

(1) $\cos\dfrac{\pi}{13} + \cos\dfrac{3\pi}{13} + \cos\dfrac{5\pi}{13} + \cos\dfrac{7\pi}{13} + \cos\dfrac{9\pi}{13} + \cos\dfrac{11\pi}{13}$;

(2) $\dfrac{1}{2}\tan\dfrac{x}{2} + \dfrac{1}{2^2}\tan\dfrac{x}{2^2} + \cdots + \dfrac{1}{2^n}\tan\dfrac{x}{2^n}$;

(3) $\dfrac{1}{\sin 2x} + \dfrac{1}{\sin 4x} + \cdots + \dfrac{1}{\sin 2^n x}$.

解 (1)

$$2\sin\frac{\pi}{13}\left(\cos\frac{\pi}{13} + \cos\frac{3\pi}{13} + \cos\frac{5\pi}{13} + \cos\frac{7\pi}{13} + \cos\frac{9\pi}{13} + \cos\frac{11\pi}{13}\right)$$

$$= \sin\frac{2\pi}{13} + \left(\sin\frac{4\pi}{13} - \sin\frac{2\pi}{13}\right) + \left(\sin\frac{6\pi}{13} - \sin\frac{4\pi}{13}\right) + \cdots$$

$$+ \left(\sin \frac{12\pi}{13} - \sin \frac{10\pi}{13} \right)$$

$$= \sin \frac{12\pi}{13} = \sin \frac{\pi}{13},$$

所以

$$\cos \frac{\pi}{13} + \cos \frac{3\pi}{13} + \cos \frac{5\pi}{13} + \cos \frac{7\pi}{13} + \cos \frac{9\pi}{13} + \cos \frac{11\pi}{13} = \frac{1}{2}.$$

　　乘上一个适当的三角函数,再积化和差,使每一项变成两项之差.并且前一项分出的被减数与后一项分出的减数正好抵消,这种方法在算术或代数中早就用过,现在只是多乘一个三角函数.这个三角函数当然要费心选择.

　　(2) 如化为弦,即求

$$\frac{\sin \frac{x}{2}}{2\cos \frac{x}{2}} + \frac{\sin \frac{x}{2^2}}{2^2 \cos \frac{x}{2^2}} + \cdots + \frac{\sin \frac{x}{2^n}}{2^n \cos \frac{x}{2^n}}.$$

　　这个和不好求.首先是分母不同,又难以通分.如果分母是正弦 $\sin x$（或 $\sin \frac{x}{2}$）,那么还可以分解为 $2\sin \frac{x}{2} \cos \frac{x}{2}$（或 $2\sin \frac{x}{4} \cos \frac{x}{4}$）.因此,我们希望得到一点帮助,即先加上一项,姑且称为 Y,Y 的分母有因子 $2\cos \frac{x}{2}$（便于与 $\dfrac{\sin \frac{x}{2}}{2\cos \frac{x}{2}}$ 相加）,又有因子 $\sin \frac{x}{2}$,即 Y 的分母是 $\sin x$.而且 $Y + \dfrac{\sin \frac{x}{2}}{2\cos \frac{x}{2}}$ 仍需有相同的功能,即分母有因子 $4\cos \frac{x}{2^2}$ 又有 $\sin \frac{x}{2^2}$,即分母是 $2\sin \frac{x}{2}$.这

就需要 Y 的分子加上 $\sin^2\dfrac{x}{2}$ 后,可以与分母约去 $\cos\dfrac{x}{2}$. 所以分

子应当是 $\cos^2\dfrac{x}{2}-\sin^2\dfrac{x}{2}=\cos x$,即 $Y=\dfrac{\cos x}{\sin x}$,且

$$\frac{\cos x}{\sin x}+\frac{\sin\dfrac{x}{2}}{2\cos\dfrac{x}{2}}=\frac{\cos x+\sin^2\dfrac{x}{2}}{2\sin\dfrac{x}{2}\cos\dfrac{x}{2}}=\frac{\cos^2\dfrac{x}{2}}{2\sin\dfrac{x}{2}\cos\dfrac{x}{2}}=\frac{\cos\dfrac{x}{2}}{2\sin\dfrac{x}{2}}.$$

$\dfrac{\cos\dfrac{x}{2}}{2\sin\dfrac{x}{2}}$ 与 $Y=\dfrac{\cos x}{\sin x}$ 很像,只是 x 变为 $\dfrac{x}{2}$,分母多出一个因子 2.

这正是我们所需要的. 因为接下去

$$\frac{\cos\dfrac{x}{2}}{2\sin\dfrac{x}{2}}+\frac{\sin\dfrac{x}{2^2}}{2^2\cos\dfrac{x}{2^2}}=\frac{\cos\dfrac{x}{2}+\sin^2\dfrac{x}{2^2}}{2^2\sin\dfrac{x}{2^2}\cos\dfrac{x}{2^2}}=\frac{\cos^2\dfrac{x}{2^2}}{2^2\sin\dfrac{x}{2^2}\cos\dfrac{x}{2^2}}=\frac{\cos\dfrac{x}{2^2}}{2^2\sin\dfrac{x}{2^2}},$$

可以说是重复前面的过程.

    依此类推,直至最后得出 $\dfrac{\cos\dfrac{x}{2^{n+1}}}{2^{n+1}\sin\dfrac{x}{2^{n+1}}}$,所以

$$\frac{\cos x}{\sin x}+\frac{\sin\dfrac{x}{2}}{2\cos\dfrac{x}{2}}+\frac{\sin\dfrac{x}{2^2}}{2^2\cos\dfrac{x}{2^2}}+\cdots+\frac{\sin\dfrac{x}{2^n}}{2^n\cos\dfrac{x}{2^n}}=\frac{\cos\dfrac{x}{2^{n+1}}}{2^{n+1}\sin\dfrac{x}{2^{n+1}}},$$

即

$$\frac{1}{2}\tan\frac{x}{2}+\frac{1}{2^2}\tan\frac{x}{2^2}+\cdots+\frac{1}{2^n}\tan\frac{x}{2^n}=\frac{1}{2^{n+1}}\cot\frac{x}{2^{n+1}}-\cot x.$$

$$(8.7)$$

    当然,如果知道结果,或者问题改为求证式(8.7)成立,那么

问题就容易得多. 利用

$$\cot x + \frac{1}{2}\tan \frac{x}{2} = \frac{1}{2}\cot \frac{x}{2} \tag{8.8}$$

及类似的式子,就能得到结果.

(3) 与(2)类似,仍然请"余切"帮忙. 但现在是从后面加起,逐步向前:

$$\cot 2^n x + \frac{1}{\sin 2^n x} = \frac{\cos 2^n x + 1}{\sin 2^n x} = \frac{2\cos^2 2^{n-1} x}{2\sin 2^{n-1} x\cos 2^{n-1} x}$$

$$= \frac{\cos 2^{n-1} x}{\sin 2^{n-1} x} = \cot 2^{n-1} x,$$

$$\cot 2^{n-1} x + \frac{1}{\sin 2^{n-1} x} = \cot 2^{n-2} x,$$

$$\cdots,$$

$$\cot 2x + \frac{1}{\sin 2x} = \cot x,$$

所以

$$\frac{1}{\sin 2x} + \frac{1}{\sin 4x} + \cdots + \frac{1}{\sin 2^n x} = \cot x - \cot 2^n x.$$

(2)与(3)方法相同.

例 5 证明:

(1) $\cos \alpha\sin(\beta - \gamma) + \cos \beta\sin(\gamma - \alpha) + \cos \gamma\sin(\alpha - \beta) = 0$;

(2) $\sin \alpha\sin(\beta - \gamma) + \sin \beta\sin(\gamma - \alpha) + \sin \gamma\sin(\alpha - \beta) = 0$;

(3) $\cos(\alpha + \theta)\sin(\beta - \gamma) + \cos(\beta + \theta)\sin(\gamma - \alpha) + \cos(\gamma + \theta)\sin(\alpha - \beta) = 0$;

(4) $\sin(\alpha + \theta)\sin(\beta - \gamma) + \sin(\beta + \theta)\sin(\gamma - \alpha) + \sin(\gamma + \theta)\sin(\alpha - \beta) = 0$.

证明 (1) 左边 $= \cos \alpha(\sin \beta\cos \gamma - \cos \beta\sin \gamma) +$

$\cos \beta(\sin \gamma \cos \alpha - \cos \gamma \sin \alpha) + \cos \gamma(\sin \alpha \cos \beta - \cos \alpha \sin \beta)$

$= 0 = 右边.$

(2) 证法与(1)相同. 可以借助轮换求和的符号,写成

$$左边 = \sum \sin \alpha \sin(\beta - \gamma)$$

$$= \sum \sin \alpha(\sin \beta \cos \gamma - \cos \beta \sin \gamma)$$

$$= \sum \cos \gamma(\sin \alpha \sin \beta - \sin \alpha \sin \beta) = 0 = 右边.$$

(3) $\sum \cos(\alpha + \theta)\sin(\beta - \gamma) = \cos \theta \sum \cos \alpha \sin(\beta - \gamma)$

$- \sin \theta \sum \sin \alpha \sin(\beta - \gamma) = 0.$

(4) 证法同(3).

(3) 的证明借助了(1)、(2)两题. 我们还有一种简单而且一般的证法(不需要利用(1)、(2)):将含有 θ 的三角函数用加法定理展开并整理,左边成为 $A\cos \theta + B\sin \theta$ 的形式,其中 A 和 B 均不含有 θ. 如果知道 A 和 B 都是 0(上面的证法正是如此),那么当然有 $A\cos \theta + B\sin \theta = 0$. 如果不知道 A 和 B 是否为 0,我们可以任选两个 θ 的值 θ_1, θ_2,只要 $\theta_1 - \theta_2$ 不是 π 的整数倍,这时 $\cos \theta_1$ 与 $\cos \theta_2$ 不会同时为 0,$\sin \theta_1$ 与 $\sin \theta_2$ 也不会同时为 0. 在

$$\begin{cases} A\cos \theta_1 + B\sin \theta_1 = 0 & (8.9) \\ A\cos \theta_2 + B\sin \theta_2 = 0 & (8.10) \end{cases}$$

时,由式(8.9)$\times \sin \theta_2 -$式(8.10)$\times \sin \theta_1$ 消去 B 得

$$A\sin(\theta_2 - \theta_1) = 0. \qquad (8.11)$$

因为 $\sin(\theta_2 - \theta_1) \neq 0(\theta_2 - \theta_1$ 不是 π 的整数倍),所以 $A = 0.$ 代入式(8.9)或式(8.10)得 $B = 0.$ 因此 $A\cos \theta + B\sin \theta = 0.$

所以,$\cos\theta$ 与 $\sin\theta$ 的线性组合 $A\cos\theta + B\sin\theta$,如果在 θ 取两个相差不是 π 整数倍的值 θ_1,θ_2 时,都是 0,那么 $A\cos\theta + B\sin\theta$ 恒为 0(不管 θ 取什么值).

在(3)中,可取 $\theta = \dfrac{\pi}{2} - \alpha$,这时

$$\sum \cos(\alpha + \theta)\sin(\beta - \gamma)$$

$$= \cos\left(\beta + \frac{\pi}{2} - \alpha\right)\sin(\gamma - \alpha) + \sin\left(\gamma + \frac{\pi}{2} - \alpha\right)\sin(\alpha - \beta)$$

$$= \sin(\alpha - \beta)\sin(\gamma - \alpha) + \sin(\alpha - \gamma)\sin(\alpha - \beta)$$

$$= 0.$$

同样,取 $\theta = \dfrac{\pi}{2} - \beta$, $\sum \cos(\alpha + \theta)\sin(\beta - \gamma) = 0$.

因此恒有 $\sum \cos(\alpha + \theta)\sin(\beta - \gamma) = 0$.

(4)也可以这样证,首先它的左边是 $\sin\theta$ 与 $\cos\theta$ 的线性组合 $A\cos\theta + B\sin\theta$.其次,取 $\theta = -\alpha$,则

$$\sum \sin(\alpha + \theta)\sin(\beta - \gamma)$$

$$= \sin(\beta - \alpha)\sin(\gamma - \alpha) + \sin(\gamma - \alpha)\sin(\alpha - \beta)$$

$$= 0.$$

同样,取 $\theta = -\beta$, $\sum \sin(\alpha + \theta)\sin(\beta - \gamma) = 0$.

所以恒有 $\sum \sin(\alpha + \theta)\sin(\beta - \gamma) = 0$.

例 6 证明:对任意 θ,有

$$\sum \sin(\alpha + \theta)\sin(\alpha - \theta)\sin(\beta + \gamma)\sin(\beta - \gamma) = 0.$$

$$(8.12)$$

证明

$$4 \sum \sin(\alpha + \theta)\sin(\alpha - \theta)\sin(\beta + \gamma)\sin(\beta - \gamma)$$

$$= \sum (\cos 2\theta - \cos 2\alpha)(\cos 2\gamma - \cos 2\beta).$$

这是 $\cos 2\theta$ 的线性多项式 $A\cos 2\theta + C$. 与例 5 相同, 如果在 2θ 取两个相差不是 π 整数倍的值 θ_1, θ_2 时, $A\cos 2\theta + C = 0$, 那么恒有 $A\cos 2\theta + C = 0$.

现在, 取 $2\theta = 2\alpha$, 则

$$\sum (\cos 2\theta - \cos 2\alpha)(\cos 2\gamma - \cos 2\beta)$$

$$= (\cos 2\alpha - \cos 2\beta)(\cos 2\alpha - \cos 2\gamma)$$

$$+ (\cos 2\alpha - \cos 2\gamma)(\cos 2\beta - \cos 2\alpha)$$

$$= 0.$$

同样, 取 $2\theta = 2\beta$, 则

$$\sum (\cos 2\theta - \cos 2\alpha)(\cos 2\gamma - \cos 2\beta) = 0.$$

因此, 对一切 θ, 式 (8.12) 成立.

用上面的方法可以解决许多问题.

例 7 证明:

$$4\cos \alpha \cos \beta \cos \gamma = \sum \cos(\beta + \gamma - \alpha) + \cos(\alpha + \beta + \gamma).$$

证明 两边都是 $\cos \alpha$ 与 $\sin \alpha$ 的线性组合 (即 $A\cos \alpha + B\sin \alpha$ 的形式). 在 $\alpha = \dfrac{\pi}{2}$ 时, 左边为 0, 右边为

$$\cos\left(\beta + \gamma - \frac{\pi}{2}\right) + \cos\left(\gamma + \frac{\pi}{2} - \beta\right) + \cos\left(\frac{\pi}{2} + \beta - \gamma\right) +$$

$$\cos\left(\frac{\pi}{2} + \beta + \gamma\right)$$

$$= \sin(\beta + \gamma) + \sin(\beta - \gamma) - \sin(\beta - \gamma) - \sin(\beta + \gamma) = 0.$$

左边 = 右边.

在 $\alpha = 0$ 时,左边为 $4\cos\beta\cos\gamma$,右边为

$$\cos(\beta + \gamma) + \cos(\gamma - \beta) + \cos(\beta - \gamma) + \cos(\beta + \gamma)$$

$$= 2(\cos(\beta + \gamma) + \cos(\beta - \gamma)) = 4\cos\beta\cos\gamma.$$

左边 = 右边.

因此,对一切 α,左边 = 右边.

例 8　证明:

$$2\cos(\beta + \gamma)\cos(\gamma + \alpha)\cos(\alpha + \beta) + \cos 2\alpha\cos 2\beta\cos 2\gamma$$

$$= \cos 2\alpha\cos^2(\beta + \gamma) + \cos 2\beta\cos^2(\gamma + \alpha) + \cos 2\gamma\cos^2(\alpha + \beta).$$

证明　原式即

$$\cos(\beta + \gamma)(\cos(\beta - \gamma) + \cos(2\alpha + \beta + \gamma)) + \cos 2\alpha\cos 2\beta\cos 2\gamma$$

$$= \cos 2\alpha\cos^2(\beta + \gamma)$$

$$+ \frac{\cos 2\beta(1 + \cos(2\alpha + 2\gamma)) + \cos 2\gamma(1 + \cos(2\alpha + 2\beta))}{2}.$$

上式右边的 $\dfrac{\cos 2\beta + \cos 2\gamma}{2} = \cos(\beta + \gamma)\cos(\beta - \gamma)$ 与左边

对消,可化简成

$$\cos(\beta + \gamma)\cos(2\alpha + \beta + \gamma) + \cos 2\alpha\cos 2\beta\cos 2\gamma$$

$$= \cos 2\alpha\cos^2(\beta + \gamma) +$$

$$\frac{\cos 2\beta\cos(2\alpha + 2\gamma) + \cos 2\gamma\cos(2\alpha + 2\beta)}{2}.$$

这是 $\cos 2\alpha$ 与 $\sin 2\alpha$ 的线性组合. 在 $2\alpha = \dfrac{\pi}{2}$ 时,有

$$左边 = -\cos(\beta + \gamma)\sin(\beta + \gamma) = -\frac{1}{2}\sin 2(\beta + \gamma),$$

$$右边 = \frac{-\cos 2\beta\sin 2\gamma - \cos 2\gamma\sin 2\beta}{2} = -\frac{1}{2}\sin 2(\beta + \gamma),$$

左边 = 右边.

在 $2\alpha = 0$ 时,有

$$左边 = \cos^2(\beta + \gamma) + \cos 2\beta \cos 2\gamma = 右边.$$

因此,对一切 α,原式成立.

例 9 求:

(1) $\cos \dfrac{\pi}{11} + \cos \dfrac{3\pi}{11} + \cos \dfrac{5\pi}{11} + \cos \dfrac{7\pi}{11} + \cos \dfrac{9\pi}{11}$;

(2) $\displaystyle\sum \cos \dfrac{k\pi}{11} \cos \dfrac{h\pi}{11}$;

(3) $\displaystyle\sum \cos \dfrac{k\pi}{11} \cos \dfrac{h\pi}{11} \cos \dfrac{j\pi}{11}$;

(4) $\displaystyle\sum \cos \dfrac{k\pi}{11} \cos \dfrac{h\pi}{11} \cos \dfrac{j\pi}{11} \cos \dfrac{i\pi}{11}$;

(5) $\cos \dfrac{\pi}{11} \cos \dfrac{3\pi}{11} \cos \dfrac{5\pi}{11} \cos \dfrac{7\pi}{11} \cos \dfrac{9\pi}{11}$.

其中(2)、(3)、(4)分别表示从 $\cos \dfrac{\pi}{11}$,$\cos \dfrac{3\pi}{11}$,$\cos \dfrac{5\pi}{11}$,

$\cos \dfrac{7\pi}{11}$,$\cos \dfrac{9\pi}{11}$ 中选 2 个、3 个、4 个相乘,然后再相加.

解 记 $\theta = \dfrac{k\pi}{11}$($k$ 为奇数),则

$$6\theta = k\pi - 5\theta, \tag{8.13}$$

所以

$$\cos 6\theta = -\cos 5\theta, \tag{8.14}$$

$$4\cos^3 2\theta - 3\cos 2\theta = -\cos 2\theta \cos 3\theta + \sin 2\theta \sin 3\theta. \tag{8.15}$$

$$4(2\cos^2\theta - 1)^3 - 3(2\cos^2\theta - 1) + (2\cos^2\theta - 1)(4\cos^3\theta - 3\cos\theta)$$

$$- 2\cos\theta(1 - \cos^2\theta)(4\cos^2\theta - 1)$$

$$= 0. \tag{8.16}$$

记 $x = \cos\theta$，则上式可化成

$$32x^6 + 16x^5 - 48x^4 - 20x^3 + 18x^2 + 5x - 1 = 0, \quad (8.17)$$

约去 $x + 1$，得

$$32x^5 - 16x^4 - 32x^3 + 12x^2 + 6x - 1 = 0. \quad (8.18)$$

$\dfrac{\pi}{11}, \dfrac{3\pi}{11}, \dfrac{5\pi}{11}, \dfrac{7\pi}{11}, \dfrac{9\pi}{11}$ 都满足式(8.13)，因而 $\cos\dfrac{\pi}{11}$ 等都是方程 (8.17)的根，它们都不是 -1，因而也都是式(8.18)的根. 从而由 韦达定理，(1)～(5)的结果分别为 $\dfrac{16}{32}, \dfrac{-32}{32}, \dfrac{-12}{32}, \dfrac{6}{32}, \dfrac{1}{32}$，即 $\dfrac{1}{2}$，$-1, -\dfrac{3}{8}, \dfrac{3}{16}, \dfrac{1}{32}$.

例 10　已知实数 α, β, γ 满足 $\alpha + \beta + \gamma = \pi$，并且

$$\tan\frac{\beta+\gamma-\alpha}{4} + \tan\frac{\gamma+\alpha-\beta}{4} + \tan\frac{\alpha+\beta-\gamma}{4} = 1. \ (8.19)$$

证明：

$$\cos\alpha + \cos\beta + \cos\gamma = 1. \quad (8.20)$$

证法 1　先化切为弦，在式(8.19)的两边同乘

$$4\cos\frac{\pi-2\alpha}{4}\cos\frac{\pi-2\beta}{4}\cos\frac{\pi-2\gamma}{4}$$

(注意 $\beta + \gamma - \alpha = \pi - 2\alpha$ 等等)，得

$$4\cos\frac{\pi-2\alpha}{4}\cos\frac{\pi-2\beta}{4}\cos\frac{\pi-2\gamma}{4}$$

$$= 4\sum\sin\frac{\pi-2\alpha}{4}\cos\frac{\pi-2\beta}{4}\cos\frac{\pi-2\gamma}{4}. \quad (8.21)$$

于是

$$\text{式(8.21)左边} = 2\cos\frac{\pi-2\alpha}{4}\left(\cos\frac{2\alpha}{4} + \cos\frac{2\gamma-2\beta}{4}\right)$$

$$= \cos\frac{\pi-4\alpha}{4} + \cos\frac{\pi}{4} + \cos\frac{\pi-2\alpha+2\beta-2\gamma}{4}$$

$$+ \cos \frac{\pi - 2\alpha - 2\beta + 2\gamma}{4}$$

$$= \cos \frac{\pi}{4} + \cos \frac{\pi - 4\alpha}{4} + \cos \frac{4\beta - \pi}{4} + \cos \frac{4\gamma - \pi}{4}$$

$$= \frac{\sqrt{2}}{2} \left(1 + \sum \cos \alpha + \sum \sin \alpha \right). \tag{8.22}$$

式(8.21)右边 $= 2 \sum \sin \frac{\pi - 2\alpha}{4} \left(\cos \frac{2\alpha}{4} + \cos \frac{2\gamma - 2\beta}{4} \right)$

$$= \sum \left(\sin \frac{\pi}{4} + \sin \frac{\pi - 4\alpha}{4} + \sin \frac{\pi - 2\alpha + 2\gamma - 2\beta}{4} \right.$$

$$\left. + \sin \frac{\pi - 2\alpha - 2\gamma + 2\beta}{4} \right)$$

$$= \frac{\sqrt{2}}{2} \sum \left(1 + \cos \alpha - \sin \alpha + \sin \gamma - \cos \gamma \right.$$

$$\left. + \sin \beta - \cos \beta \right)$$

$$= \frac{\sqrt{2}}{2} \left(3 + \sum \sin \alpha - \sum \cos \alpha \right). \tag{8.23}$$

由式(8.21)~式(8.23)得

$$\sum \cos \alpha = 1.$$

这种解法简单明了,整齐对称(α, β, γ 的地位平等).

证法 2 令

$$x = \frac{\beta + \gamma - \alpha}{4}, \quad y = \frac{\gamma + \alpha - \beta}{4}, \quad z = \frac{\alpha + \beta - \gamma}{4}, \tag{8.24}$$

则

$$x + y + z = \frac{\pi}{4}, \tag{8.25}$$

$$\tan x + \tan y + \tan z = 1. \tag{8.26}$$

$x + y, y + z, z + x$ 不能都是 $\frac{\pi}{2}$ 加上 π 的整数倍. 否则,$x =$

$\frac{\pi}{4}-(y+z)=-\frac{\pi}{4}$加上 π 的整数倍,$\tan x=-1$.同样 $\tan y=$ -1,$\tan z=-1$,与 $\tan x+\tan y+\tan z=1$ 矛盾.

因此,不妨设 $y+z\neq\frac{\pi}{2}+k\pi$($k$ 为整数).

由式(8.25),$\tan\left(\frac{\pi}{4}-x\right)=\tan(y+z)$,所以

$$\frac{1-\tan x}{1+\tan x}=\frac{\tan y+\tan z}{1-\tan y\tan z},$$

整理得

$$(\tan x-1)(\tan y-1)(\tan z-1)=0. \qquad (8.27)$$

不妨设 $\tan x=1$,从而

$$x=k\pi+\frac{\pi}{4} \quad (k \text{ 为整数}),$$

$$\alpha=2(y+z)=2\left(\frac{\pi}{4}-x\right)=-2k\pi,$$

$$\beta+\gamma=\pi-\alpha=(2k+1)\pi,$$

$$\cos\alpha+\cos\beta+\cos\gamma=1+\cos\beta-\cos\beta=1.$$

证法 2 的最大优点就是得出一个结论:α,β,γ 中必有一个是 2π 的整数倍.

例 11 若 α,β,γ 不等,在 0 与 2π 之间,满足 θ 的方程

$$\frac{a}{\cos\theta}+\frac{b}{\sin\theta}+c=0, \qquad (8.28)$$

其中常数 a,b,c 不全为 0.证明:

$$\sin(\alpha+\beta)+\sin(\beta+\gamma)+\sin(\gamma+\alpha)=0. \qquad (8.29)$$

证明 首先由

$$\frac{a}{\cos\alpha}+\frac{b}{\sin\alpha}+c=0, \qquad (8.30)$$

$$\frac{a}{\cos \beta} + \frac{b}{\sin \beta} + c = 0, \qquad (8.31)$$

$$\frac{a}{\cos \gamma} + \frac{b}{\sin \gamma} + c = 0, \qquad (8.32)$$

消去 a, b, c. 这用行列式最为方便. 不用行列式也不难.

式 $(8.31) \times \dfrac{1}{\sin \gamma}$ − 式 $(8.32) \times \dfrac{1}{\sin \beta}$ 得

$$a \left(\frac{1}{\cos \beta \sin \gamma} - \frac{1}{\cos \gamma \sin \beta} \right) + c \left(\frac{1}{\sin \gamma} - \frac{1}{\sin \beta} \right) = 0.$$
$$(8.33)$$

类似地, 得出另两种将 α, β, γ 轮换的等式

$$a \left(\frac{1}{\cos \gamma \sin \alpha} - \frac{1}{\cos \alpha \sin \gamma} \right) + c \left(\frac{1}{\sin \alpha} - \frac{1}{\sin \gamma} \right) = 0,$$
$$(8.34)$$

$$a \left(\frac{1}{\cos \alpha \sin \beta} - \frac{1}{\cos \beta \sin \alpha} \right) + c \left(\frac{1}{\sin \beta} - \frac{1}{\sin \alpha} \right) = 0.$$
$$(8.35)$$

式 $(8.33) \sim$ 式 (8.35) 相加得

$$a \sum \left(\frac{1}{\cos \beta \sin \gamma} - \frac{1}{\cos \gamma \sin \beta} \right) = 0, \qquad (8.36)$$

从而

$$\sum \left(\frac{1}{\cos \beta \sin \gamma} - \frac{1}{\cos \gamma \sin \beta} \right) = 0, \qquad (8.37)$$

或 $a = 0$, 但 $a = 0$ 代入式 $(8.30) \sim$ 式 (8.32) 后导出 $b = 0$ (从而 $c = 0$, 与已知矛盾) 或 $\sin \alpha = \sin \beta = \sin \gamma$ (与 α, β, γ 不等矛盾), 均不可能. 所以必有式 (8.37) 成立, 即

$$\sum \frac{\sin(\beta - \gamma)}{\sin 2\beta \sin 2\gamma} = 0, \qquad (8.38)$$

去分母得

$$\sum \sin(\beta - \gamma)\sin 2\alpha = 0. \qquad (8.39)$$

因为

式(8.39)左边

$$= \frac{1}{2} \sum (\cos(2\alpha - \beta + \gamma) - \cos(2\alpha + \beta - \gamma))$$

$$= \frac{1}{2} \sum (\cos(2\alpha - \beta + \gamma) - \cos(\beta + \gamma)$$

$$- \cos(2\alpha + \beta - \gamma) + \cos(\beta + \gamma))$$

$$= \sum (\sin(\alpha + \gamma)\sin(\beta - \alpha) - \sin(\alpha + \beta)\sin(\gamma - \alpha))$$

$$= \sum \sin(\alpha + \gamma)(\sin(\beta - \alpha) + \sin(\gamma - \beta)), \qquad (8.40)$$

所以

$$\sum \sin(\alpha + \gamma)(\sin(\beta - \alpha) + \sin(\gamma - \beta)) = 0, \qquad (8.41)$$

又

$$0 = \sum (\cos 2\alpha - \cos 2\gamma) = 2 \sum \sin(\alpha - \gamma)\sin(\alpha + \gamma).$$

$$(8.42)$$

由式(8.41)和式(8.42),得

$$\sum \sin(\alpha + \gamma)(\sin(\beta - \alpha) + \sin(\gamma - \beta) + \sin(\alpha - \gamma)) = 0.$$

$$(8.43)$$

因为

$$\sin(\beta - \alpha) + \sin(\gamma - \beta) + \sin(\alpha - \gamma)$$

$$= 4\sin \frac{\alpha - \gamma}{2} \sin \frac{\gamma - \beta}{2} \sin \frac{\beta - \alpha}{2} \neq 0,$$

所以

$$\sum \sin(\alpha + \gamma) = 0.$$

第9章 习 题

9.1 习 题

本节有 140 道习题,供大家练习.

华罗庚先生曾说过:"学数学要熟练化."多练才能熟,熟能生巧,臻于化境.化者,出神入化是也.

这 140 道题中,基础题占绝大多数.基础题必须首先练好.基础打好,今后的学习就会少很多困难.基础不打好,就埋下了很多隐患,常常将我们绊倒.有些人好高骛远,追求特别的"技巧",忽视打基础.这是不足法的.我们认为扎扎实实地练好基本功,是学好数学的正确途径.一定要在基本题上多花功夫,真正做到熟练化.

少数较难的问题,我们打上了星号.

1. 已知 $\tan A + \sec A = 2$. 求 $\sin A$.

2. 证明: $\sin 18° + \cos 18° = \sqrt{2}\cos 27°$.

3. 证明: $\sec^2(\arctan 2) + \csc^2(\text{arccot } 3) = 15$.

4. 证明: $\arcsin \dfrac{3}{\sqrt{73}} + \arccos \dfrac{11}{\sqrt{146}} + \arcsin \dfrac{1}{2} = \dfrac{5\pi}{12}$.

5. 证明: $\dfrac{\sin 9°}{\sin 48°} = \dfrac{\sin 12°}{\sin 81°}$.

6. 化简 $\left(\cot\theta+\cot\left(\theta-\dfrac{\pi}{2}\right)\right)\left(\tan\left(\dfrac{\pi}{4}-\theta\right)+\tan\left(\dfrac{\pi}{4}+\theta\right)\right)$.

7. 化简 $\dfrac{\tan 96°-\tan 12°\left(1+\dfrac{1}{\sin 6°}\right)}{1+\tan 96°\tan 12°\left(1+\dfrac{1}{\sin 6°}\right)}$.

8. 证明：$\operatorname{arccot} 7+\operatorname{arccot} 8+\operatorname{arccot} 18=\operatorname{arccot} 3$.

9. 证明：$4\arctan\dfrac{1}{5}-\arctan\dfrac{1}{239}=\dfrac{\pi}{4}$.

10. 证明：$\arcsin\dfrac{1}{3}+\arcsin\dfrac{1}{3\sqrt{11}}+\arcsin\dfrac{3}{\sqrt{11}}=\dfrac{\pi}{2}$.

11. 证明：$\tan 20°+\tan 40°+\sqrt{3}\tan 20°\tan 40°=\sqrt{3}$.

12. 解方程：

(1) $\sin 7\theta=\sin 4\theta-\sin\theta$.

(2) $\tan\theta-\sqrt{3}\cot\theta+1=\sqrt{3}$.

(3) $2\cot\dfrac{\theta}{2}=(1+\cot\theta)^{2}$.

(4) $\tan^{4}\theta-4\tan^{2}\theta+3=0$.

(5) $\sin 5\theta-\sin 3\theta=\sin\theta\sec 45°$.

(6) $\cot\theta+\cot\left(\dfrac{\pi}{4}+\theta\right)=2$.

(7) $\arctan(x+1)+\arctan(x-1)=\arctan\dfrac{8}{31}$.

(8) $\arctan\dfrac{x-1}{x+1}+\arctan\dfrac{2x-1}{2x+1}=\arctan\dfrac{23}{36}$.

(9) $\cot^{3}\theta+6\operatorname{cosec} 2\theta-8\operatorname{cosec}^{3}2\theta=0$.

(10) $\tan^{2}\theta+2\tan\theta=1$.

13. 证明:

(1)* $\sin \dfrac{\pi}{14}$是方程$8x^3 - 4x^2 - 4x + 1 = 0$ 的根.

(2) $\tan 22°30'$是方程 $x^4 - 6x^2 + 1 = 0$ 的根.

14. 证明:$(1 + \sin 2A + \cos 2A)^2 = 4\cos^2 A(1 + \sin 2A)$.

15. 证明:$\sin^2\left(\dfrac{\pi}{8} + \dfrac{\theta}{2}\right) - \sin^2\left(\dfrac{\pi}{8} - \dfrac{\theta}{2}\right) = \dfrac{1}{\sqrt{2}} \sin \theta$.

16. 证明:$\sin^3 A + \sin^3(120° + A) + \sin^3(240° + A) = -\dfrac{3}{4}\sin 3A$.

17. 证明:$\cos^2 A + \sin^2 A \cos 2B = \cos^2 B + \sin^2 B \cos 2A$.

18. 证明:$\sin(36° + A) - \sin(36° - A) + \sin(72° - A) - \sin(72° + A) = \sin A$.

19. 证明:$\cos \beta \cos(2\alpha - \beta) = \cos^2 \alpha - \sin^2(\alpha - \beta)$.

20. 证明:$1 + \cos 2\alpha \cos 2\beta = 2(\cos^2 \alpha \cos^2 \beta + \sin^2 \alpha \sin^2 \beta)$.

21. 证明:$\cos 10A + \cos 8A + 3\cos 4A + 3\cos 2A = 8\cos A \cos^3 3A$.

22. 证明:$4\cos^8 A - 4\sin^8 A = 4\cos 2A - \sin 2A \sin 4A$.

23. 证明:$\dfrac{\sin \theta}{\cos \theta + \sin \phi} + \dfrac{\sin \phi}{\cos \phi - \sin \theta} = \dfrac{\sin \theta}{\cos \theta - \sin \phi} + \dfrac{\sin \phi}{\cos \phi + \sin \theta}$.

24. 证明:

(1) $\tan \dfrac{A + B}{2} - \tan \dfrac{A - B}{2} = \dfrac{2\sin B}{\cos A + \cos B}$.

(2) $\dfrac{\cot A - \tan A}{\cot A + \tan A} = 1 - 2\sin^2 A$.

25. 证明：$\tan A \tan(60° + A)\tan(120° + A) = -\tan 3A$.

26. 证明：$\dfrac{\tan \theta}{(1 + \tan^2 \theta)^2} + \dfrac{\cot \theta}{(1 + \cot^2 \theta)} = \dfrac{1}{2}\sin 2\theta$.

27. 证明：$(\operatorname{cosec} A - \sin A)(\sec A - \cos A) = (\tan A + \cot A)^{-1}$.

28. 证明：$\left(\dfrac{1}{\cos 2A} - 2\right)\cot(A - 30°) = \left(\dfrac{1}{\cos 2A} + 2\right) \cdot \tan(A + 30°)$.

29. 证明：$(1 - \cos \theta)(\sec \theta + \operatorname{cosec} \theta(1 + \sec \theta))^2 = 2\sec^2 \theta(1 + \sin \theta)$.

30. 证明：$\cos(15° - \alpha)\sec 15° - \sin(15° - \alpha)\operatorname{cosec} 15° = 4\sin \alpha$.

31. 证明：$\dfrac{\sin(A + B + C)}{\cos A \cos B \cos C} = \tan A + \tan B + \tan C - \tan A \tan B \tan C$.

32.* 证明：$\dfrac{1}{2}\tan \dfrac{\theta}{2} + \dfrac{1}{4}\tan \dfrac{\theta}{4} = \dfrac{1}{4}\cot \dfrac{\theta}{4} - \cot \theta$.

33. 证明：$\dfrac{\cot A + \operatorname{cosec} A}{\tan A + \sec A} = \cot\left(\dfrac{\pi}{4} + \dfrac{A}{2}\right)\cot \dfrac{A}{2}$.

34. 证明：$\cot \dfrac{\theta}{2} - 3\cot \dfrac{3\theta}{2} = \dfrac{4\sin \theta}{1 + 2\cos \theta}$.

35. 证明：$\dfrac{3 - 4\cos 2A + \cos 4A}{3 + 4\cos 2A + \cos 4A} = \tan^4 A$.

36. 证明：在 $\dfrac{\pi}{6} < x < \dfrac{\pi}{4}$ 时，$\operatorname{arccot}(\tan 2x) + \operatorname{arccot}(-\tan 3x) = x$.

37. 设 x, y 为正，且 $xy < 1$. 证明：

$$\arctan\frac{1-x}{1+x} - \arctan\frac{1-y}{1+y} = \arcsin\frac{y-x}{\sqrt{1+x^2}\sqrt{1+y^2}}.$$

38.* 证明：$\arctan\dfrac{2mn}{m^2-n^2}$ + $\arctan\dfrac{2pq}{p^2-q^2}$ 与

$\arctan\dfrac{2MN}{M^2-N^2}$ 相等或相差 π，其中 $m^2\neq n^2$，$p^2\neq q^2$，$M^2\neq N^2$，

并且 $M = mp - nq$，$N = np + mq$.

39. 证明：$(x\tan\alpha + y\cot\alpha)(x\cot\alpha + y\tan\alpha) = (x+y)^2$

$+ 4xy\cot^2 2\alpha$.

40. 解方程 $(1-\tan\theta)(1+\sin 2\theta) = 1 + \tan\theta$.

41. 证明：$4\sin(\theta-\alpha)\sin(m\theta-\alpha)\cos(\theta-m\theta) = 1 +$

$\cos(2\theta - 2m\theta) - \cos(2\theta - 2\alpha) - \cos(2m\theta - 2\alpha)$.

42. 证明：在 2θ 为锐角时，$\sec\theta = \dfrac{2}{\sqrt{2+\sqrt{2+2\cos 4\theta}}}$.

43. 证明：$\tan 20°\tan 40°\tan 80° = \tan 60°$.

44.* 化 $\arctan\dfrac{x\cos\theta}{1-x\sin\theta} - \text{arccot}\dfrac{\cos\theta}{x-\sin\theta}$ 为最简形式，其

中 θ 为锐角.

45. 证明：α 为锐角时，$\arctan\dfrac{3\sin 2\alpha}{5+3\cos 2\alpha} + \arctan\dfrac{\tan\alpha}{4}$

$= \alpha$.

46. 已知 $\arctan y = 4\arctan x$. 将 y 表为 x 的有理函数（即
分式函数）.

47. 若 $A + B + C = 0$，证明：$1 + 2\sin B\sin C\cos A + \cos^2 A$

$= \cos^2 B + \cos^2 C$.

48. 若 $A + B + C = 180°$，证明：$1 - 2\sin B\sin C\cos A +$

$\cos^2 A = \cos^2 B + \cos^2 C$.

49. 若 $A + B + C = \pi$，证明：$\sum \dfrac{\tan A}{\tan B \tan C} = \sum \tan A -$

$2 \sum \cot A$. 其中 $\sum \dfrac{\tan A}{\tan \tan C} = \dfrac{\tan A}{\tan B \tan C} + \dfrac{\tan B}{\tan C \tan A}$

$+ \dfrac{\tan C}{\tan A \tan B}$，$\sum \tan A = \tan A + \tan B + \tan C$，$\sum \cot A$

$= \cot A + \cot B + \cot C$.

50. 若 $A + B + C = 180°$，证明：$\sin^3 A + \sin^3 B + \sin^3 C =$

$3\cos \dfrac{A}{2} \cos \dfrac{B}{2} \cos \dfrac{C}{2} + \cos \dfrac{3A}{2} \cos \dfrac{3B}{2} \cos \dfrac{3C}{2}$.

51. 若 $A + B + C = 180°$，证明：

$$\cos \dfrac{A}{2} + \cos \dfrac{B}{2} + \cos \dfrac{C}{2}$$

$$= 4\cos\left(45° - \dfrac{A}{4}\right)\cos\left(45° - \dfrac{B}{4}\right)\cos\left(45° - \dfrac{C}{4}\right).$$

52. 若 $\alpha + \beta + \gamma = 0$，证明：

$$\cos \alpha + \cos \beta + \cos \gamma = 4\cos \dfrac{\alpha}{2} \cos \dfrac{\beta}{2} \cos \dfrac{\gamma}{2} - 1.$$

53. $A + B + C = \dfrac{\pi}{2}$ 时，证明：$\cot A + \cot B + \cot C =$

$\cot A \cot B \cot C$.

54. 证明：$x + y + z$ 为 $\dfrac{\pi}{2}$ 的奇数倍时，有 $\cos(x - y - z) +$

$\cos(y - z - x) + \cos(z - x - y) - 4\cos x \cos y \cos z = 0$.

55. 若 $A + B + C = 2S$，证明：$\cos^2 S + \cos^2 (S - A) +$

$\cos^2 (S - B) + \cos^2 (S - C) = 2 + 2\cos A \cos B \cos C$.

56. 给定 β. 证明：$\dfrac{\pi}{4} - \beta$ 是方程 $2\sec 2x = \tan \beta + \cot \beta$ 的

一个解.

问题 57~107,都是与 $\triangle ABC$ 有关的问题,其中 A,B,C 为三角形的三个角,a,b,c 为对边,$s=\dfrac{a+b+c}{2}$,$\triangle$ 为三角形面积,R 为外接圆半径,r 为内切圆半径,O 为外心,I 为内心.

57. 证明:$\dfrac{b^2-c^2}{a}\cos A+\dfrac{c^2-a^2}{b}\cos B+\dfrac{a^2-b^2}{c}\cos C=0.$

58. 在 $\triangle ABC$ 中,求证:

(1) $\sin A+\sin B+\sin C=4\cos\dfrac{A}{2}\cos\dfrac{B}{2}\cos\dfrac{C}{2}$;

(2) $\sin 2A+\sin 2B+\sin 2C=4\sin A\sin B\sin C.$

59. 证明:$\displaystyle\sum\dfrac{\cos A}{c\cos B+b\cos C}=\dfrac{a^2+b^2+c^2}{2abc}.$

60. 证明:

(1) $\displaystyle\sum\sin 3A\sin(B-C)=0$;

(2) $\displaystyle\sum a^3\sin(B-C)=0.$

61. 证明:$\sin 10A+\sin 10B+\sin 10C=4\sin 5A\sin 5B\sin 5C$,并且 $\dfrac{5\pi+A}{2^5},\dfrac{5\pi+B}{2^5},\dfrac{5\pi+C}{2^5}$ 的余切的和等于它们的积.

62. 证明:$\dfrac{(\cos B+\cos C)(1+2\cos A)}{1+\cos A-2\cos^2 A}=\dfrac{b+c}{a}.$

63. 证明:

(1) $bc\sin^2 A=a^2(\cos A+\cos B\cos C)$;

(2) $bc\cos A+ca\cos B+2ab\cos C=a^2+b^2.$

64. 证明:$(a+b+c)\tan\dfrac{C}{2}=a\cot\dfrac{A}{2}+b\cot\dfrac{B}{2}-c\cot\dfrac{C}{2}.$

65.* 证明：$\displaystyle\sum \frac{\tan \dfrac{A}{2}}{(a-b)(a-c)}=\frac{1}{\Delta}$.

66. 证明：

(1) $(a^2-b^2-c^2)\tan A+(a^2-b^2+c^2)\tan B=0$；

(2) $\dfrac{\cos 2A}{a^2}-\dfrac{\cos 2B}{b^2}=\dfrac{1}{a^2}-\dfrac{1}{b^2}$.

67. 证明：角平分线 $AD=\dfrac{2bc}{b+c}\cos \dfrac{A}{2}$.

68. 证明：$\dfrac{bh_1}{c}+\dfrac{ch_2}{a}+\dfrac{ah_3}{b}=\dfrac{a^2+b^2+c^2}{2R}$，其中 h_1,h_2,h_3

分别为边 BC,CA,AB 上的高.

69. 符号同上题. 证明：

(1) $8R^3=\dfrac{a^2b^2c^2}{h_1h_2h_3}$；

(2) $\dfrac{1}{h_3^2}=\dfrac{1}{h_1^2}+\dfrac{1}{h_2^2}-\dfrac{2}{h_1h_2}\cos C$.

70. 证明：$\cot B+\dfrac{\cos C}{\sin B\cos A}=\cot C+\dfrac{\cos B}{\sin C\cos A}$.

71. 证明：

$$\cos\left(\frac{3B}{2}+C-2A\right)+\cos\left(\frac{3C}{2}+A-2B\right)+\cos\left(\frac{3A}{2}+B-2C\right)$$

$$=4\cos\frac{5A-2B-C}{4}\cos\frac{5B-2C-A}{4}\cos\frac{5C-2A-B}{4}.$$

72. 证明：边长 a,b,c 是方程

$$x^3-2sx^2+(r^2+s^2+4Rr)x-4Rrs=0$$

的根.

73. 证明：$8rR\left(\cos^2\dfrac{A}{2}+\cos^2\dfrac{B}{2}+\cos^2\dfrac{C}{2}\right)=2bc+2ca+$

$2ab - a^2 - b^2 - c^2$.

74. 证明: $R = \dfrac{(r_2 + r_3)(r_3 + r_1)(r_1 + r_2)}{4(r_2 r_3 + r_3 r_1 + r_1 r_2)}$, 其中 r_1, r_2, r_3 为旁切圆半径.

75. 证明: $\sum \dfrac{bc}{r_1} = 2R \sum \left(\dfrac{b}{a} + \dfrac{c}{a} - 1 \right), r_i (i = 1, 2, 3)$ 意义同上题.

76. 证明: $\dfrac{ab - r_1 r_2}{r_3} = \dfrac{bc - r_2 r_3}{r_1} = \dfrac{ca - r_3 r_1}{r_2}$.

77. 点 I 为内心, 点 $I_i (i = 1, 2, 3)$ 为旁心. 证明: $\sum \dfrac{AI}{AI_1} = 1$.

78. 外接圆的直径 AA', BB', CC' 分别交边 BC, CA, AB 于点 L, M, N. 证明:

(1) $\dfrac{1}{AL} + \dfrac{1}{BM} + \dfrac{1}{CN} = \dfrac{2}{R}$;

(2) $\dfrac{1}{A'L} + \dfrac{1}{B'M} + \dfrac{1}{C'N} = \dfrac{1}{2R} (4 + \sec A \sec B \sec C)$.

79. 若 $\cot A, \cot B, \cot C$ 成等差数列, 证明: a^2, b^2, c^2 也成等差数列.

80. 证明: $\tan \left(\dfrac{A}{2} + B \right) = \dfrac{c + b}{c - b} \tan \dfrac{A}{2}$.

81. 若 $A = 2B$, 证明: $a^2 = b(c + b)$.

82. 若 $c(a + b) \cos \dfrac{B}{2} = b(a + c) \cos \dfrac{C}{2}$, 证明: $b = c$.

83. 若 $(a^2 + b^2) \sin(A - B) = (a^2 - b^2) \sin(A + B)$, 证明: 三角形是等腰三角形或直角三角形.

84. $a < b < c$ 成等差数列. 证明: $\cos A = \dfrac{4c - 3b}{2c}$.

85. 若 $\cos A + \cos B = 4\sin^2 \dfrac{C}{2}$,证明: a , b , c 成等差数列.

86. 若 $(\sin A + \sin B + \sin C)(\sin A + \sin B - \sin C) = 3\sin A \sin B$,证明: $C = 60°$.

87. 若 $(b + c)\sin \theta = 2\sqrt{bc}\cos \dfrac{A}{2}$,证明: $a\sec \theta = b + c$ 或 $-(b + c)$.

88. 证明:

$$r = R(\cos A + \cos B + \cos C - 1) = 4R\sin \dfrac{A}{2}\sin \dfrac{B}{2}\sin \dfrac{C}{2}.$$

89. 若 $\triangle BIC$, $\triangle CIA$, $\triangle AIB$ 的外接圆半径分别为 ρ_1 , ρ_2 , ρ_3 ,证明: $\rho_1\rho_2\rho_3 = 2rR^2$.

90. 若 $3R = 4r$,证明: $4(\cos A + \cos B + \cos C) = 7$.

91. 若等腰三角形顶角为 $120°$, O 为外心, I 为内心.证明: OI 与底边的比为 $\dfrac{\sqrt{3} - 1}{\sqrt{3}}$.

92. 若 $C = 60°$,证明: $\dfrac{1}{a + c} + \dfrac{1}{b + c} = \dfrac{3}{a + b + c}$.

93. 若 $\left(1 - \dfrac{r_1}{r_2}\right)\left(1 - \dfrac{r_1}{r_3}\right) = 2$,证明:三角形为直角三角形 (r_1 , r_2 , r_3 为旁切圆半径).

94. 若 $\tan \dfrac{A}{2} = \dfrac{5}{6}$, $\tan \dfrac{B}{2} = \dfrac{20}{37}$,求证: $a + c = 2b$.

95. 边 BC 的中点为 D.求证: $\cot \angle ADB = \dfrac{AC^2 - AB^2}{4\Delta}$.

96. 点 P 在边 AB 上, $AP : BP = m : n$, $\angle CPB = \theta$.求证: $(m + n)\cot \theta = n\cot A - m\cot B$.

97. 若 m，n 为正数，$m \neq 1$，$\dfrac{a}{1+m^2 n^2} = \dfrac{b}{m^2 + n^2} = \dfrac{c}{(1-m^2)(1+n^2)}$. 证明：

$$A = 2\arctan \dfrac{m}{n}，\quad B = 2\arctan mn，\quad \Delta = \dfrac{mnbc}{m^2 + n^2}.$$

98. 延长锐角三角形的高与外接圆相交，延长部分的长分别为 p，q，t. 求证：

$$\dfrac{a}{p} + \dfrac{b}{q} + \dfrac{c}{t} = 2(\tan A + \tan B + \tan C).$$

99. $\triangle ABC$ 是锐角三角形. AD，BE，CF 是高. 由垂足 D，E，F 组成的垂足三角形，它的内切圆半径为 ρ. 求证：

$$\rho = R(1 - \cos^2 A - \cos^2 B - \cos^2 C).$$

100.* BC 边上的旁切圆分别切 BC、AC 的延长线、AB 的延长线于点 D_1，E_1，F_1. $\triangle D_1 E_1 F_1$ 的内切圆半径为 r_a. 同样定义 r_b，r_c. 证明：

$$\dfrac{1}{r_a} : \dfrac{1}{r_b} : \dfrac{1}{r_c} = \left(1 - \tan \dfrac{A}{4}\right) : \left(1 - \tan \dfrac{B}{4}\right) : \left(1 - \tan \dfrac{C}{4}\right).$$

101. 若 $\tan \phi = \dfrac{a-b}{a+b} \cot \dfrac{C}{2}$，求证：$c = (a+b) \cdot \dfrac{\sin \dfrac{C}{2}}{\cos \phi}$.

102. 若 $\cos \dfrac{A}{2} = \dfrac{1}{2}\sqrt{\dfrac{b}{c} + \dfrac{c}{b}}$，证明：以某条边为对角线的正方形，面积等于其他两边的积.

103. 若 $2(2R)^2 = a^2 + b^2 + c^2$，证明：$\sin^2 A + \sin^2 B + \sin^2 C = 2$，并且三角形是直角三角形.

104. 若 $B = 45°$，求证：$(1 + \cot A)(1 + \cot C) = 2$.

105. 若 $\cos \theta (\sin B + \sin C) = \sin A$，求证：

$$\tan^2\frac{\theta}{2}=\tan\frac{B}{2}\tan\frac{C}{2}.$$

106. 若三边成等差数列,θ,ϕ 分别为三角形的最大角与最小角,求证:$4(1-\cos\theta)(1-\cos\phi)=\cos\theta+\cos\phi.$

107. 已知 A,b,a. 如果这时有两个三角形满足要求,并且一个三角形有一个角是另一个三角形的对应角的两倍.求证:

$$a\sqrt{3}=2b\sin A \quad \text{或} \quad 4b^3\sin^2 A=a^2(a+3b).$$

108. 若 $\dfrac{\cos\theta}{a}=\dfrac{\sin\theta}{b}$,求证:$a\cos 2\theta+b\sin 2\theta=a.$

109. 若 $A+B+C=\dfrac{\pi}{2}$ 且 $\cos A+\cos C=2\cos B$,求证:

$$1+\tan\frac{A}{2}\tan\frac{C}{2}=2\left(\tan\frac{A}{2}+\tan\frac{C}{2}\right)$$

或 $A+C$ 为 π 的奇数倍.

110. 若 $\tan\theta=\dfrac{x\sin\phi}{1-x\cos\phi}$,$\tan\phi=\dfrac{y\sin\theta}{1-y\cos\theta}$,求证:$\dfrac{\sin\theta}{\sin\phi}=\dfrac{x}{y}.$

111. 若 $\tan\dfrac{\beta}{2}=4\tan\dfrac{\alpha}{2}$,求证:$\tan\dfrac{\beta-\alpha}{2}=\dfrac{3\sin\alpha}{5-3\cos\alpha}.$

112. 若 $a\sin(\theta+\alpha)=b\sin(\theta+\beta)$,求证:$\cot\theta=\dfrac{a\cos\alpha-b\cos\beta}{b\sin\beta-a\sin\alpha}.$

113. 若 $\tan^2\theta=2\tan^2\phi+1$,求证:$\cos 2\theta+\sin^2\phi=0.$

114. 若 $\dfrac{\sin(\theta+\alpha)}{\cos(\theta-\alpha)}=\dfrac{1-m}{1+m}$,求证:$\tan\left(\dfrac{\pi}{4}-\theta\right)=m\cot\left(\dfrac{\pi}{4}-\alpha\right).$

115. 若 $\sin(\alpha - \theta) = \cos(\alpha + \theta)$，求证：$\theta = m\pi - \dfrac{\pi}{4}$ 或 $\alpha = m\pi + \dfrac{\pi}{4}$（$m$ 为整数）.

116. 若 $\tan(A + B) = 3\tan A$，求证：$\sin(2A + 2B) + \sin 2A = 2\sin 2B$.

117. 若 $\sin 2\beta = \dfrac{\sin 2\alpha + \sin 2\gamma}{1 + \sin 2\alpha \sin 2\gamma}$，求证：$\tan\left(\dfrac{\pi}{4} + \beta\right) = \pm \tan\left(\dfrac{\pi}{4} + \alpha\right)\tan\left(\dfrac{\pi}{4} + \gamma\right)$.

118. 若 $\cos^2\beta\tan(\alpha + \theta) = \sin^2\beta\cot(\alpha - \theta)$，求证：$\tan^2\theta = \tan(\alpha + \beta)\tan(\alpha - \beta)$.

119. 求 α, β, γ 之间的关系，使得

$$\cot\alpha\cot\beta\cos\gamma - \cot\alpha - \cot\beta - \cot\gamma = 0.$$

120. 若 A, B, C 三个角的余弦的和为零，求证：它们余弦的积是 $3A, 3B, 3C$ 的余弦的和的 $\dfrac{1}{12}$.

121. 若 $\tan B = \dfrac{n\sin A\cos B}{1 - n\sin^2 A}$，求证：

$$\tan(A - B) = (1 - n)\tan A.$$

122. 若 α, β, γ 都是锐角，$\cot\alpha = (x^3 + x^2 + x)^{\frac{1}{2}}$，$\cot\beta = (x + x^{-1} + 1)^{\frac{1}{2}}$，$\tan\gamma = (x^{-3} + x^{-2} + x^{-1})^{\frac{1}{2}}$，求证：$\alpha + \beta = \gamma$.

123. 若 $\dfrac{x}{y} = \dfrac{\cos A}{\cos B}$，求证：

$$x\tan A + y\tan B = (x + y)\tan\dfrac{A + B}{2}.$$

124. 若 $\cos\theta = \cos\alpha\cos\beta$，求证：

$$\tan\dfrac{\theta + \alpha}{2}\tan\dfrac{\theta - \alpha}{2} = \tan^2\dfrac{\beta}{2}.$$

125. 若 A,B 为锐角,并且 $3\sin^2 A + 2\sin^2 B = 1$,$3\sin 2A - 2\sin 2B = 0$,求证:$A + 2B = 90°$.

126. 若 $u_n = \sin^n\theta + \cos^n\theta$($n = 1,2,\cdots$),求证:$\dfrac{u_3 - u_5}{u_1} = \dfrac{u_5 - u_7}{u_3}$.

127. 若 $\sin B : \sin(2A + B) = n : m$,求证:$\cot(A + B) = \dfrac{m - n}{m + n}\cot A$.

128. 已知 α,β.由方程
$$\cos x - \sin \alpha \cot \beta \sin x = \cos \alpha$$
定出 $\tan \dfrac{x}{2}$ 的值.

129. 若 A,B,C 为锐角,并且 $\cos A = \tan B$,$\cos B = \tan C$,$\cos C = \tan A$,求证:$\sin A = \sin B = \sin C = 2\sin 18°$.

130. 四边形 $ABCD$ 的边长为 a,b,c,d,与边 $AD(= a)$ 及 BA,CD 延长线都相切的圆,半径为 r_a,类似地定义 r_b,r_c,r_d.求证:$\dfrac{a}{r_a} + \dfrac{c}{r_c} = \dfrac{b}{r_b} + \dfrac{d}{r_d}$.

131. A,B,C 在一条直线上,并且 $AB = BC$.P 在这条直线外,P 对 AB,BC 的张角分别为 α,β,$\angle PBC$ 的正切为 T.求证:
$$\dfrac{2}{T} = \dfrac{1}{\tan \alpha} - \dfrac{1}{\tan \beta}.$$

132. 已知 θ 的方程 $a\tan \theta + b\sec \theta = 1$ 在区间 $\left(0,\dfrac{\pi}{2}\right)$ 中有两个不同的根 α,β.试将 a,b 用 α,β 表示,并证明:
$$\sin \alpha + \cos \alpha + \sin \beta + \cos \beta = \dfrac{2b(1 - a)}{1 + a^2}.$$

133. 求 n 项的和:$\cos 2x \operatorname{cosec} 3x + \cos(2 \cdot 3x)\operatorname{cosec} 3^2 x$

$+ \cdots + \cos(2 \cdot 3^{n-1}x)\operatorname{cosec} 3^n x$.

134. 若 $2\sin \dfrac{A}{2} = -\sqrt{1+\sin A} + \sqrt{1-\sin A}$,求证:$A =$

$2n\pi$ 或者 $(8n+3)\dfrac{\pi}{2} \leqslant A \leqslant (8n+5)\dfrac{\pi}{2}$　（n 为整数）.

135. 若 $\arcsin x + \arcsin y + \arcsin z = \pi$,求证:

$$x\sqrt{1-x^2} + y\sqrt{1-y^2} + z\sqrt{1-z^2} = 2xyz.$$

136.* 已知 $\dfrac{m\tan(\alpha-\theta)}{\cos^2\theta} = \dfrac{n\tan\theta}{\cos^2(\alpha-\theta)}$,其中 m,n,α 均已

知.求证:$\theta = \dfrac{k\pi}{2} + \dfrac{1}{2}\left(\alpha - \arctan\left(\dfrac{n-m}{n+m}\tan\alpha\right)\right)$($k$ 为整数).

137. 求证:$\cos\dfrac{\pi}{15}\cos\dfrac{2\pi}{15}\cos\dfrac{3\pi}{15}\cos\dfrac{4\pi}{15}\cos\dfrac{5\pi}{15}\cos\dfrac{6\pi}{15}\cos\dfrac{7\pi}{15}$

$= \left(\dfrac{1}{2}\right)^7$.

138. 若 $x^3 - px^2 - \gamma = 0$ 的根为 $\tan\alpha,\tan\beta,\tan\gamma$,求积

$\sec^2\alpha\sec^2\beta\sec^2\gamma$(用 p,r 表示).

139.* 证明:单位圆中正七边形的边长是方程

$$x^6 - 7x^4 + 14x^2 - 7 = 0$$

的根.给出其他根的几何意义.

140.* 证明:

（1）$\cos^4\dfrac{\pi}{9} + \cos^4\dfrac{2\pi}{9} + \cos^4\dfrac{3\pi}{9} + \cos^4\dfrac{4\pi}{9} = \dfrac{19}{16}$;

（2）$\sec^4\dfrac{\pi}{9} + \sec^4\dfrac{2\pi}{9} + \sec^4\dfrac{3\pi}{9} + \sec^4\dfrac{4\pi}{9} = 1\,120$.

9.2　解　　答

　　本节给出 140 道习题的解答.

　　希望读者自己解这些习题,不要急于看解答.因为只有自己亲自解题,才能产生良好的题感,才能提高解题的能力.

　　我们不但建议读者自己解题,而且建议每道较难的习题,做 2～3 次.因为做第一次时,往往瞎打瞎撞,走了不少弯路.再做一次,才能去掉那些不必要的过程,知道哪些是关键步骤,明白为什么要这样做.还可以进一步思考有没有其他的解法,有没有更好的解法.

　　如果有可能,尽量与其他人交流,互相学习,取长补短.这也包括对比本书的解答.通过学习、比较,找出最佳的解法,这就是第三次解答.

　　我们所提供的解答,也未必是最好的(当然我们希望它是最好的),更不是唯一的(例如有些恒等式就可以用第 9 章例 5～例 8 的方法).读者不急于看解答,也可以免得受这些解答的限制.

　　虽然一道题可以有多种解法,但我们并不提倡一题多解.因为一道题,往往只有一种或两种解法是好的.我们应当有鉴别能力,知道哪一种解法好,哪一种解法不好.应当学会寻找好的解法,摒弃不好的解法.

　　简洁、优雅,具有普遍性的解法就是好的解法.平时注意这样的标准,努力寻找好的解法,久而久之,你的品味就会提高,解题的能力也会大大加强.

1. 已知 $\tan A + \sec A = 2$.求 $\sin A$.

解 $\dfrac{\sin A}{\cos A} + \dfrac{1}{\cos A} = 2$,所以 $\sin A + 1 = 2\cos A$.

又 $1 - \sin^2 A = \cos^2 A$,与上式相除得 $1 - \sin A = \dfrac{\cos A}{2}$.

从而

$$\sin A + 1 = 4(1 - \sin A) \quad \Rightarrow \quad \sin A = \dfrac{3}{5}.$$

2. 证明:$\sin 18° + \cos 18° = \sqrt{2}\cos 27°$.

证明 左边 $= \sin 18° + \sin 72° = 2\sin 45°\cos 27° = $ 右边.

3. 证明:$\sec^2(\arctan 2) + \csc^2(\text{arccot } 3) = 15$.

证明 左边 $= 1 + \tan^2(\arctan 2) + 1 + \cot^2(\text{arccot } 3) = 2 + 2^2 + 3^2 = $ 右边.

4. 证明:$\arcsin \dfrac{3}{\sqrt{73}} + \arccos \dfrac{11}{\sqrt{146}} + \arcsin \dfrac{1}{2} = \dfrac{5\pi}{12}$.

证明 $\dfrac{5\pi}{12} - \arcsin \dfrac{1}{2} = \dfrac{5\pi}{12} - \dfrac{\pi}{6} = \dfrac{\pi}{4}$,$\cos \dfrac{\pi}{4} = \dfrac{\sqrt{2}}{2}$.

$$\cos\left(\arcsin \dfrac{3}{\sqrt{73}} + \arccos \dfrac{11}{\sqrt{146}}\right)$$

$$= \sqrt{1 - \dfrac{9}{73}} \times \dfrac{11}{\sqrt{146}} - \dfrac{3}{\sqrt{73}} \times \sqrt{1 - \dfrac{121}{146}}$$

$$= \dfrac{88}{73\sqrt{2}} - \dfrac{15}{73\sqrt{2}} = \dfrac{1}{\sqrt{2}}.$$

因为 $0 < \arcsin \dfrac{3}{\sqrt{73}} + \arccos \dfrac{11}{\sqrt{146}} < \dfrac{\pi}{2} + \dfrac{\pi}{2} = \pi$,所以

$$\arcsin \dfrac{3}{\sqrt{73}} + \arccos \dfrac{11}{\sqrt{146}} = \dfrac{\pi}{4} = \dfrac{5\pi}{12} - \arcsin \dfrac{1}{2}.$$

本题用 $\cos(\alpha+\beta)$ 比用 $\sin(\alpha+\beta)$ 好. 因为 $0<\alpha+\beta<\pi$ 时,$\cos(\alpha+\beta)$ 是单射,而 $\sin(\alpha+\beta)$ 不是单射($\sin\dfrac{\pi}{4}=\sin\dfrac{3\pi}{4}=\dfrac{\sqrt{2}}{2}$). 所以用 $\sin(\alpha+\beta)$ 还需排除 $\alpha+\beta=\dfrac{3\pi}{4}$ 的情况,多费口舌.

5. 证明:$\dfrac{\sin 9°}{\sin 48°}=\dfrac{\sin 12°}{\sin 81°}$.

证明　$2\sin 9°\sin 81°-2\sin 12°\sin 48°=\cos 72°-\cos 36°+\dfrac{1}{2}=\dfrac{\sqrt{5}-1}{4}-\dfrac{\sqrt{5}+1}{4}+\dfrac{1}{2}=0$,所以原式成立.

6. 化简 $\left(\cot\theta+\cot\left(\theta-\dfrac{\pi}{2}\right)\right)\left(\tan\left(\dfrac{\pi}{4}-\theta\right)+\tan\left(\dfrac{\pi}{4}+\theta\right)\right)$.

解　原式 $=(\cot\theta-\tan\theta)\left(\dfrac{1-\tan\theta}{1+\tan\theta}+\dfrac{1+\tan\theta}{1-\tan\theta}\right)=$

$\dfrac{1-\tan^2\theta}{\tan\theta}\cdot\dfrac{2(1+\tan^2\theta)}{1-\tan^2\theta}=\dfrac{2(1+\tan^2\theta)}{\tan\theta}=\dfrac{2}{\sin\theta\cos\theta}=\dfrac{4}{\sin 2\theta}$.

7. 化简 $\dfrac{\tan 96°-\tan 12°\left(1+\dfrac{1}{\sin 6°}\right)}{1+\tan 96°\tan 12°\left(1+\dfrac{1}{\sin 6°}\right)}$.

解　先化正切为正弦与余弦.

原式 $=\dfrac{\sin 96°\cos 12°\sin 6°-\sin 12°\cos 96°(1+\sin 6°)}{\cos 96°\cos 12°\sin 6°+\sin 96°\sin 12°(1+\sin 6°)}$

$=\dfrac{\cos 6°\cos 12°+\sin 12°(1+\sin 6°)}{-\sin 6°\cos 12°+\cos 6°\sin 12°+2\cos 6°\cos 6°}$

$=\dfrac{\sin 12°+\cos 6°}{\sin 6°+2\cos 6°\cos 6°}$

$=\dfrac{\sin(30°-18°)+\sin(30°+54°)}{\sin(60°-54°)+1+\cos(30°-18°)}$

$$= \cfrac{\dfrac{1}{2}\cos 18° - \dfrac{\sqrt{3}}{2}\sin 18° + \dfrac{1}{2}\cos 54° + \dfrac{\sqrt{3}}{2}\sin 54°}{\dfrac{\sqrt{3}}{2}\cos 54° - \dfrac{1}{2}\sin 54° + \dfrac{\sqrt{3}}{2}\cos 18° + \dfrac{1}{2}\sin 18° + 1}$$

$$= \cfrac{\dfrac{1}{2}(\cos 18° + \cos 54°) + \dfrac{\sqrt{3}}{2}(\sin 54° - \sin 18°)}{\dfrac{\sqrt{3}}{2}(\cos 18° + \cos 54°) - \dfrac{1}{2}(\sin 54° - \sin 18°) + 1}.$$

注意到 $\sin 54° - \sin 18° = \dfrac{1}{2}$，故

$$原式 = \cfrac{\dfrac{1}{2}(\cos 18° + \cos 54°) + \dfrac{\sqrt{3}}{2} \times \dfrac{1}{2}}{\dfrac{\sqrt{3}}{2}(\cos 18° + \cos 54°) + \dfrac{3}{4}} = \dfrac{1}{\sqrt{3}} = \dfrac{\sqrt{3}}{3}.$$

8. 证明：$\operatorname{arccot} 7 + \operatorname{arccot} 8 + \operatorname{arccot} 18 = \operatorname{arccot} 3$.

证明 因为

$$\cot(\alpha + \beta) = \frac{\cot\alpha\cot\beta - 1}{\cot\alpha + \cot\beta}, \quad \cot(\alpha - \beta) = \frac{\cot\alpha\cot\beta + 1}{\cot\beta - \cot\alpha},$$

所以

$$\cot(\operatorname{arccot} 7 + \operatorname{arccot} 8) = \frac{7 \times 8 - 1}{7 + 8} = \frac{55}{15} = \frac{11}{3},$$

$$\cot(\operatorname{arccot} 3 - \operatorname{arccot} 18) = \frac{3 \times 18 + 1}{18 - 3} = \frac{55}{15} = \frac{11}{3}.$$

从而 $\operatorname{arccot} 7 + \operatorname{arccot} 8 = \operatorname{arccot} 3 - \operatorname{arccot} 18$，原式成立.

9. 证明：$4\arctan\dfrac{1}{5} - \arctan\dfrac{1}{239} = \dfrac{\pi}{4}$.

证明 因为

$$\tan\left(\frac{\pi}{4} + \arctan\frac{1}{239}\right) = \frac{1 + \dfrac{1}{239}}{1 - \dfrac{1}{239}} = \frac{240}{238} = \frac{120}{119},$$

$$\tan\left(2\arctan\frac{1}{5}\right) = \frac{2\times\frac{1}{5}}{1-\left(\frac{1}{5}\right)^2} = \frac{10}{24} = \frac{5}{12},$$

$$\tan\left(4\arctan\frac{1}{5}\right) = \frac{2\times\frac{5}{12}}{1-\left(\frac{5}{12}\right)^2} = \frac{120}{119},$$

所以 $4\arctan\dfrac{1}{5} = \dfrac{\pi}{4} + \arctan\dfrac{1}{239}$，原式成立.

10. 证明：$\arcsin\dfrac{1}{3} + \arcsin\dfrac{1}{3\sqrt{11}} + \arcsin\dfrac{3}{\sqrt{11}} = \dfrac{\pi}{2}$.

证明　因为

$$\sin\left(\frac{\pi}{2} - \arcsin\frac{3}{\sqrt{11}}\right) = \cos\left(\arcsin\frac{3}{\sqrt{11}}\right) = \sqrt{1-\frac{9}{11}} = \sqrt{\frac{2}{11}},$$

$$\sin\left(\arcsin\frac{1}{3} + \arcsin\frac{1}{3\sqrt{11}}\right) = \frac{1}{3}\sqrt{1-\frac{1}{99}} + \frac{3}{3\sqrt{11}}\sqrt{1-\frac{1}{9}}$$

$$= \frac{7}{9}\sqrt{\frac{2}{11}} + \frac{2}{9}\sqrt{\frac{2}{11}} = \sqrt{\frac{2}{11}}.$$

又 $\arcsin\dfrac{1}{3} + \arcsin\dfrac{1}{3\sqrt{11}} < \dfrac{\pi}{4} + \dfrac{\pi}{4} = \dfrac{\pi}{2}$，所以

$$\frac{\pi}{2} - \arcsin\frac{3}{\sqrt{11}} = \arcsin\frac{1}{3} + \arcsin\frac{1}{3\sqrt{11}}.$$

即原式成立.

注意在 $0 < \alpha, \beta < \pi$ 时，由 $\sin\alpha = \sin\beta$ 得 $\alpha = \beta$ 或 $\pi - \beta$. 必须 $0 < \alpha, \beta < \dfrac{\pi}{2}$ 时，由 $\sin\alpha = \sin\beta$ 才能得到 $\alpha = \beta$.

11. 证明：$\tan 20° + \tan 40° + \sqrt{3}\tan 20°\tan 40° = \sqrt{3}$.

证明 $\dfrac{\tan 20° + \tan 40°}{1 - \tan 20°\tan 40°} = \tan(20° + 40°) = \tan 60° = \sqrt{3}$.

去分母、整理即得原式成立.

12. 解方程：

(1) $\sin 7\theta = \sin 4\theta - \sin \theta$.

(2) $\tan \theta - \sqrt{3}\cot \theta + 1 = \sqrt{3}$.

(3) $2\cot \dfrac{\theta}{2} = (1 + \cot \theta)^2$.

(4) $\tan^4 \theta - 4\tan^2 \theta + 3 = 0$.

(5) $\sin 5\theta - \sin 3\theta = \sin \theta \sec 45°$.

(6) $\cot \theta + \cot\left(\dfrac{\pi}{4} + \theta\right) = 2$.

(7) $\arctan(x + 1) + \arctan(x - 1) = \arctan \dfrac{8}{31}$.

(8) $\arctan \dfrac{x - 1}{x + 1} + \arctan \dfrac{2x - 1}{2x + 1} = \arctan \dfrac{23}{36}$.

(9) $\cot^3 \theta + 6\operatorname{cosec} 2\theta - 8\operatorname{cosec}^3 2\theta = 0$.

(10) $\tan^2 \theta + 2\tan \theta = 1$.

解　(1) 因为 $\sin 4\theta = \sin 7\theta + \sin \theta = 2\sin 4\theta\cos 3\theta$，所以

$$\sin 4\theta = 0 \text{ 或 } \cos 3\theta = \frac{1}{2}.$$

$$\theta = \frac{n\pi}{4}\text{或}\frac{2n\pi}{3} \pm \frac{\pi}{9} \quad (n \text{ 为整数}).$$

(2) 两边同乘 $\tan \theta$ 得

$$\tan^2 \theta + (1 - \sqrt{3})\tan \theta - \sqrt{3} = 0,$$

$$\tan \theta = -1 \text{ 或}\sqrt{3},$$

$$\theta = n\pi + \frac{3\pi}{4}\text{或 } n\pi + \frac{\pi}{3} \quad (n \text{ 为整数}).$$

(3) $\tan 2\theta = \dfrac{2\tan\theta}{1-\tan^2\theta}$，所以 $\cot 2\theta = \dfrac{1-\tan^2\theta}{2\tan\theta} = \dfrac{\cot^2\theta-1}{2\cot\theta}$.

令 $\cot\dfrac{\theta}{2} = x$，则

$$2x = \left(1 + \frac{x^2-1}{2x}\right)^2,$$

去分母得 $8x^3 = (x^2+2x-1)^2$，即

$$x^4 - 4x^3 + 2x^2 - 4x + 1 = 0,$$
$$(x^2+1)^2 - 4x(x^2+1) = 0.$$

因为 $x^2+1 > 0$，所以 $x^2 - 4x + 1 = 0$，即

$$x = 2 \pm \sqrt{3}.$$

因为 $\tan 15° = \dfrac{1-\cos 30°}{\sin 30°} = 2 - \sqrt{3}$，所以 $\cot 15° = 2 + \sqrt{3}$，

$\cot 75° = 2 - \sqrt{3}$，于是

$$\frac{\theta}{2} = n\pi + \frac{\pi}{12} \text{ 或 } n\pi + \frac{5\pi}{12} \quad (n \text{ 为整数}),$$

$$\theta = 2n\pi + \frac{\pi}{6} \text{ 或 } 2n\pi + \frac{5\pi}{6} \quad (n \text{ 为整数}).$$

(4) $\tan^2\theta = 1$ 或 3，$\tan\theta = \pm 1$ 或 $\pm\sqrt{3}$，故

$$\theta = n\pi \pm \frac{\pi}{4}, \, n\pi \pm \frac{\pi}{3} \quad (n \text{ 为整数}).$$

(5) $2\sin\theta\cos 4\theta = \sqrt{2}\sin\theta$，故

$$\sin\theta = 0 \text{ 或 } \cos 4\theta = \frac{\sqrt{2}}{2},$$

$$\theta = n\pi \text{ 或 } \frac{n\pi}{2} \pm \frac{\pi}{16} \quad (n \text{ 为整数}).$$

(6) 先在方程两边同乘 $\sin\theta\sin\left(\dfrac{\pi}{4}+\theta\right)$，将切化为弦，得

$$\sin\left(\frac{\pi}{4}+\theta\right)\cos\theta+\cos\left(\frac{\pi}{4}+\theta\right)\sin\theta=2\sin\theta\sin\left(\frac{\pi}{4}+\theta\right),$$

$$\sin\left(\frac{\pi}{4}+2\theta\right)=\cos\frac{\pi}{4}-\cos\left(\frac{\pi}{4}+2\theta\right),$$

$$\sin\left(\frac{\pi}{4}+2\theta\right)+\cos\left(\frac{\pi}{4}+2\theta\right)=\frac{\sqrt{2}}{2},$$

$$\sin\left(\frac{\pi}{4}+2\theta+\frac{\pi}{4}\right)=\frac{1}{2}.$$

于是

$$2\theta+\frac{\pi}{2}=2n\pi+\frac{\pi}{6}\text{ 或 }2n\pi+\frac{5\pi}{6},$$

$$\theta=n\pi\pm\frac{\pi}{6}\quad(n\text{ 为整数}).$$

（7）由 $\tan(\alpha+\beta)=\dfrac{\tan\alpha+\tan\beta}{1-\tan\alpha\tan\beta}$ 得

$$\frac{(x+1)+(x-1)}{1-(x+1)(x-1)}=\frac{8}{31},$$

去分母得

$$4x^2+31x-8=0,$$

$$x=\frac{1}{4}\text{ 或 }-8.$$

（8）$\dfrac{\dfrac{x-1}{x+1}+\dfrac{2x-1}{2x+1}}{1-\dfrac{(x-1)(2x-1)}{(x+1)(2x+1)}}=\dfrac{23}{36}$，即 $\dfrac{4x^2-2}{6x}=\dfrac{23}{36}$，化简得 $24x^2$

$-23x-12=0$，解得 $x=\dfrac{4}{3}$ 或 $-\dfrac{3}{8}$.

（9）两边同乘 $\sin^3 2\theta$ 得 $\sin^3 2\theta\cot^3\theta+6\sin^2 2\theta-8=0$，即 $8\cos^6\theta+24\sin^2\theta\cos^2\theta-8=0$，也即 $\cos^6\theta-3\cos^4\theta+3\cos^2\theta-1=0$，故

$$(\cos^2\theta - 1)^3 = 0,$$

$$\sin^6\theta = 0, \quad \sin\theta = 0,$$

$$\theta = n\pi \quad (n \in \mathbf{Z}).$$

(10) 原方程即 $\dfrac{2\tan\theta}{1-\tan^2\theta}=1$，所以 $\tan 2\theta=1$，$2\theta=n\pi+\dfrac{\pi}{4}$，于是

$$\theta = \frac{n\pi}{2} + \frac{\pi}{8} \quad (n \in \mathbf{Z}).$$

本题如不用倍角公式，困难较大.

13. 证明：

(1)* $\sin\dfrac{\pi}{14}$ 是方程 $8x^3-4x^2-4x+1=0$ 的根.

(2) $\tan 22°30'$ 是方程 $x^4-6x^2+1=0$ 的根.

证明　(1)* 令 $\theta=\dfrac{\pi}{14}$，则 $7\theta=\dfrac{\pi}{2}$，$4\theta=\dfrac{\pi}{2}-3\theta$，所以

$$\sin 4\theta = \sin\left(\frac{\pi}{2}-3\theta\right) = \cos 3\theta.$$

由倍角公式

$$4\sin\theta\cos\theta\cos 2\theta = 4\cos^3\theta - 3\cos\theta,$$

约去 $\cos\theta$（显然 $\cos\dfrac{\pi}{14}\neq 0$），则

$$4\sin\theta(1-2\sin^2\theta) = 4(1-\sin^2\theta) - 3,$$

即

$$8\sin^3\theta - 4\sin^2\theta - 4\sin\theta + 1 = 0.$$

所以 $\sin\dfrac{\pi}{14}$ 是方程 $8x^3-4x^2-4x+1=0$ 的根.

本题如直接将 $\sin\dfrac{\pi}{14}$ 代入方程验证，困难较多，因为 $\sin\dfrac{\pi}{14}$

的值我们并不知道(如果要求出它的值,还得先解方程).利用 $\dfrac{\pi}{14}$ 与常用角 $\dfrac{\pi}{2}$ 的关系得出一个等式,然后再利用倍角公式就能得出 $\sin\dfrac{\pi}{14}$ 应当满足的方程.

(2) $1 = \tan 45° = \dfrac{2\tan 22°30'}{1 - \tan^2 22°30'}$,所以 $\tan^2 22°30' + 2\tan 22°30' - 1 = 0$,即 $\tan 22°30'$ 是方程 $x^2 + 2x - 1 = 0$ 的根.

因为 $x^4 - 6x^2 + 1 = (x^2 + 2x - 1)(x^2 - 2x - 1)$,所以 $\tan 22°30'$ 也是方程

$$x^4 - 6x^2 + 1 = 0$$

的根.

14. 证明: $(1 + \sin 2A + \cos 2A)^2 = 4\cos^2 A(1 + \sin 2A)$.

证明　左边 $= 2 + 2\sin 2A + 2\cos 2A + 2\sin 2A\cos 2A$

$$= 2(1 + \sin 2A)(1 + \cos 2A)$$

$$= 4(1 + \sin 2A)\cos^2 A = \text{右边}.$$

15. 证明: $\sin^2\left(\dfrac{\pi}{8} + \dfrac{\theta}{2}\right) - \sin^2\left(\dfrac{\pi}{8} - \dfrac{\theta}{2}\right) = \dfrac{1}{\sqrt{2}}\sin\theta$.

证明　一般地

$$\sin^2\alpha - \sin^2\beta = \dfrac{1 - \cos 2\alpha}{2} - \dfrac{1 - \cos 2\beta}{2} = \dfrac{1}{2}(\cos 2\beta - \cos 2\alpha)$$

$$= \sin(\alpha + \beta)\sin(\alpha - \beta).$$

现在 $\alpha = \dfrac{\pi}{8} + \dfrac{\theta}{2}$,$\beta = \dfrac{\pi}{8} - \dfrac{\theta}{2}$,$\alpha + \beta = \dfrac{\pi}{4}$,$\alpha - \beta = \theta$,所以原式成立.

16. 证明: $\sin^3 A + \sin^3(120° + A) + \sin^3(240° + A) = -\dfrac{3}{4}\sin 3A$.

证明 $\sin 3A = 3\sin A - 4\sin^3 A$，所以

$$4 \times 原式左边 = (-\sin 3A + 3\sin A) + (-\sin 3A + 3\sin(120° + A))$$

$$+ (-\sin 3A + 3\sin(240° + A))$$

$$= -3\sin 3A +$$

$$3(\sin A + \sin(120° + A) + \sin(240° + A))$$

$$= -3\sin 3A + 3(\sin A + 2\sin(180° + A)\cos 60°)$$

$$= -3\sin 3A.$$

因此原式成立.

17. 证明：$\cos^2 A + \sin^2 A\cos 2B = \cos^2 B + \sin^2 B\cos 2A$.

证明 左边 $= 1 - \sin^2 A + \sin^2 A\cos 2B$

$$= 1 - \sin^2 A(1 - \cos 2B)$$

$$= 1 - 2\sin^2 A\sin^2 B.$$

由于 A, B 对称，所以原式右边 $= 1 - 2\sin^2 B\sin^2 A$.

因此原式成立.

这里的"对称"相当于"同理可得".

18. 证明：$\sin(36° + A) - \sin(36° - A) + \sin(72° - A) - \sin(72° + A) = \sin A$.

证明 左边 $= 2\sin A\cos 36° - 2\sin A\cos 72°$

$$= 2\sin A(\cos 36° - \cos 72°)$$

$$= 2\sin A\left(\frac{\sqrt{5} + 1}{4} - \frac{\sqrt{5} - 1}{4}\right) = \sin A = 右边.$$

19. 证明：$\cos \beta\cos(2\alpha - \beta) = \cos^2 \alpha - \sin^2(\alpha - \beta)$.

证明 $2\cos \beta\cos(2\alpha - \beta) = \cos 2\alpha + \cos(2\alpha - 2\beta)$

$$= 2\cos^2 \alpha - 1 + 1 - 2\sin^2(\alpha - \beta)$$

$$= 2\cos^2 \alpha - 2\sin^2(\alpha - \beta).$$

两边同除以 2 即得原式.

20. 证明：$1 + \cos 2\alpha \cos 2\beta = 2(\cos^2\alpha\cos^2\beta + \sin^2\alpha\sin^2\beta)$.

证明　左边 $= 1 + (\cos^2\alpha - \sin^2\alpha)(\cos^2\beta - \sin^2\beta)$

$= 1 + \cos^2\alpha\cos^2\beta + \sin^2\alpha\sin^2\beta - \cos^2\alpha\sin^2\beta$
$\quad - \sin^2\alpha\cos^2\beta$

$= 1 + \cos^2\alpha\cos^2\beta + \sin^2\alpha\sin^2\beta -$
$\quad (1 - \sin^2\alpha)\sin^2\beta - (1 - \cos^2\alpha)\cos^2\beta$

$= 1 + 2\cos^2\alpha\cos^2\beta + 2\sin^2\alpha\sin^2\beta - \sin^2\beta$
$\quad - \cos^2\beta$

$=$ 右边.

化"复合角"$(2\alpha, 2\beta)$的函数为"基本角"(α, β)的函数，是证三角恒等式的基本方法. 本题是一个典型的例题.

21. 证明：$\cos 10A + \cos 8A + 3\cos 4A + 3\cos 2A = 8\cos A\cos^3 3A$.

证明　左边 $= 2\cos 9A\cos A + 6\cos 3A\cos A$

$= 2\cos A(4\cos^3 3A - 3\cos 3A + 3\cos 3A)$

$= 8\cos A\cos^3 3A =$ 右边.

其中用到 $\cos 3\alpha = 4\cos^3\alpha - 3\cos\alpha, \alpha = 3A$.

22. 证明：$4\cos^8 A - 4\sin^8 A = 4\cos 2A - \sin 2A\sin 4A$.

证明　左边 $= 4(\cos^4 A + \sin^4 A)(\cos^2 A + \sin^2 A) \cdot$
$\quad (\cos^2 A - \sin^2 A)$

$= 4(\cos^4 A + \sin^4 A)\cos 2A$

$= 4((\sin^2 A + \cos^2 A)^2 - 2\sin^2 A\cos^2 A)\cos 2A$

$= 4(1 - 2\sin^2 A\cos^2 A)\cos 2A$

$= 4\cos 2A - 2\sin^2 2A\cos 2A$

$$= 4\cos 2A - \sin 2A \sin 4A = 右边.$$

本例逐步减低左边的次数,这也是常用的方法.

23. 证明: $\dfrac{\sin \theta}{\cos \theta + \sin \phi} + \dfrac{\sin \phi}{\cos \phi - \sin \theta} = \dfrac{\sin \theta}{\cos \theta - \sin \phi} +$

$\dfrac{\sin \phi}{\cos \phi + \sin \theta}.$

证明　因为

$$\frac{\sin \theta}{\cos \theta - \sin \phi} - \frac{\sin \theta}{\cos \theta + \sin \phi} = \frac{2\sin \theta \sin \phi}{\cos^2 \theta - \sin^2 \phi},$$

$$\frac{\sin \phi}{\cos \phi - \sin \theta} - \frac{\sin \phi}{\cos \phi + \sin \theta}$$

$$= \frac{2\sin \phi \sin \theta}{\cos^2 \phi - \sin^2 \theta} = \frac{2\sin \phi \sin \theta}{(1 - \sin^2 \phi) - (1 - \cos^2 \theta)}$$

$$= \frac{2\sin \phi \sin \theta}{\cos^2 \theta - \sin^2 \phi},$$

所以

$$\frac{\sin \theta}{\cos \theta - \sin \phi} - \frac{\sin \theta}{\cos \theta + \sin \phi}$$

$$= \frac{\sin \phi}{\cos \phi - \sin \theta} - \frac{\sin \phi}{\cos \phi + \sin \theta}.$$

原式成立.

本题四个分式,分母各不相同.通过移项,可将分子相同的放在一起(分母相乘可用平方差公式).

24. 证明:

(1) $\tan \dfrac{A+B}{2} - \tan \dfrac{A-B}{2} = \dfrac{2\sin B}{\cos A + \cos B}.$

(2) $\dfrac{\cot A - \tan A}{\cot A + \tan A} = 1 - 2\sin^2 A.$

证明 （1）

$$左边 = \frac{\sin\dfrac{A+B}{2}}{\cos\dfrac{A+B}{2}} - \frac{\sin\dfrac{A-B}{2}}{\cos\dfrac{A-B}{2}}$$

$$= \frac{\sin\dfrac{A+B}{2}\cos\dfrac{A-B}{2} - \sin\dfrac{A-B}{2}\cos\dfrac{A+B}{2}}{\cos\dfrac{A+B}{2}\cos\dfrac{A-B}{2}}$$

$$= \frac{\sin B}{\cos\dfrac{A+B}{2}\cos\dfrac{A-B}{2}} = \frac{2\sin B}{\cos A + \cos B}$$

$$= 右边.$$

（2）

$$左边 = \frac{\dfrac{\cos A}{\sin A} - \dfrac{\sin A}{\cos A}}{\dfrac{\cos A}{\sin A} + \dfrac{\sin A}{\cos A}} = \frac{\cos^2 A - \sin^2 A}{\cos^2 A + \sin^2 A}$$

$$= \cos^2 A - \sin^2 A = 右边.$$

典型的化切为弦,题(1)也是这个方法.

25. 证明:$\tan A \tan(60° + A)\tan(120° + A) = -\tan 3A$.

证明 因为

$$-\tan 3A = -\frac{\sin 3A}{\cos 3A} = -\frac{3\sin A - 4\sin^3 A}{4\cos^3 A - 3\cos A}$$

$$= \frac{\sin A}{\cos A} \cdot \frac{3 - 4\sin^2 A}{3 - 4\cos^2 A},$$

$$\tan(60° + A)\tan(120° + A) = \frac{\sin(60° + A)\sin(120° + A)}{\cos(60° + A)\cos(120° + A)}$$

$$= \frac{\cos 60° - \cos(180° + 2A)}{\cos 60° + \cos(180° + 2A)}$$

$$= \frac{\dfrac{1}{2} + \cos 2A}{\dfrac{1}{2} - \cos 2A} = \frac{1 + 2\cos 2A}{1 - 2\cos 2A}$$

$$= \frac{1 + 2(1 - 2\sin^2 A)}{1 - 2(2\cos^2 A - 1)} = \frac{3 - 4\sin^2 A}{3 - 4\cos^2 A},$$

所以

$$\tan A \tan(60° + A)\tan(120° + A) = \tan A \cdot \frac{3 - 4\sin^2 A}{3 - 4\cos^2 A}$$

$$= \frac{\sin A}{\cos A} \cdot \frac{3 - 4\sin^2 A}{3 - 4\cos^2 A}$$

$$= -\tan 3A.$$

26. 证明：$\dfrac{\tan \theta}{(1 + \tan^2 \theta)^2} + \dfrac{\cot \theta}{(1 + \cot^2 \theta)} = \dfrac{1}{2}\sin 2\theta.$

证明　左边 $= \dfrac{\sin \theta}{\cos \theta} \cdot \cos^4 \theta + \dfrac{\cos \theta}{\sin \theta} \cdot \sin^4 \theta$

$$= \sin \theta \cos^3 \theta + \cos \theta \sin^3 \theta$$

$$= \sin \theta \cos \theta (\cos^2 \theta + \sin^2 \theta)$$

$$= \sin \theta \cos \theta = 右边.$$

27. 证明：$(\operatorname{cosec} A - \sin A)(\sec A - \cos A) = (\tan A + \cot A)^{-1}.$

证明

$$左边 = \left(\frac{1}{\sin A} - \sin A\right)\left(\frac{1}{\cos A} - \cos A\right)$$

$$= \frac{\cos^2 A}{\sin A} \cdot \frac{\sin^2 A}{\cos A} = \cos A \sin A.$$

$$右边 = \left(\frac{\sin A}{\cos A} + \frac{\cos A}{\sin A}\right)^{-1} = \left(\frac{1}{\cos A \sin A}\right)^{-1}$$

$$= \cos A \sin A.$$

所以原式成立.

28. 证明: $\left(\dfrac{1}{\cos 2A} - 2\right)\cot(A - 30°) = \left(\dfrac{1}{\cos 2A} + 2\right) \cdot$

$\tan(A + 30°)$.

证明 因为

$$\tan(A + 30°)\tan(A - 30°) = \frac{\sin(A + 30°)\sin(A - 30°)}{\cos(A + 30°)\cos(A - 30°)}$$

$$= \frac{\cos 60° - \cos 2A}{\cos 60° + \cos 2A}$$

$$= \frac{1 - 2\cos 2A}{1 + 2\cos 2A},$$

所以

$$\tan(A + 30°)\tan(A - 30°)\left(\frac{1}{\cos 2A} + 2\right)$$

$$= \frac{1 - 2\cos 2A}{1 + 2\cos 2A} \cdot \frac{1 + 2\cos 2A}{\cos 2A} = \frac{1}{\cos 2A} - 2,$$

$$\tan(A + 30°)\left(\frac{1}{\cos 2A} + 2\right) = \left(\frac{1}{\cos 2A} - 2\right)\cot(A - 30°).$$

本题先将原式两边同乘 $\tan(A - 30°)$,再化切为弦. $2A$ 作为基本角, $2A$ 的函数 $\cos 2A$ 不必化成 A 的函数. 如先化 $\tan(A + 30°)$, $\cot(A - 30°)$ 为 A 的函数,较繁.

29. 证明: $(1 - \cos \theta)(\sec \theta + \text{cosec } \theta(1 + \sec \theta))^2 = 2\sec^2 \theta(1 + \sin \theta)$.

证明

$$左边 = (1 - \cos \theta)\left(\frac{1}{\cos \theta} + \frac{1}{\sin \theta} \cdot \frac{1 + \cos \theta}{\cos \theta}\right)^2$$

$$= \frac{1 - \cos \theta}{\cos^2 \theta \sin^2 \theta}(\sin \theta + 1 + \cos \theta)^2$$

$$= \frac{1-\cos\theta}{\cos^2\theta\sin^2\theta}(\sin^2\theta + 2\sin\theta(1+\cos\theta) + (1+\cos\theta)^2)$$

$$= \frac{1-\cos\theta}{\cos^2\theta\sin^2\theta}(2 + 2\sin\theta + 2\sin\theta\cos\theta + 2\cos\theta)$$

$$= \frac{(1-\cos\theta)\cdot 2(1+\sin\theta)(1+\cos\theta)}{\cos^2\theta\sin^2\theta}$$

$$= \frac{2(1+\sin\theta)}{\cos^2\theta}.$$

正割、余割,我们不是很熟悉,当然应先化为弦.

30. 证明:$\cos(15° - \alpha)\sec 15° - \sin(15° - \alpha)\csc 15° = 4\sin\alpha$.

证明　左边 $= \dfrac{\cos(15° - \alpha)}{\cos 15°} - \dfrac{\sin(15° - \alpha)}{\sin 15°}$

$$= \frac{\sin 15°\cos(15° - \alpha) - \cos 15°\sin(15° - \alpha)}{\cos 15°\sin 15°}$$

$$= \frac{\sin\alpha}{\cos 15°\sin 15°} = \frac{2\sin\alpha}{\sin 30°} = 右边.$$

31. 证明:$\dfrac{\sin(A+B+C)}{\cos A\cos B\cos C} = \tan A + \tan B + \tan C - \tan A\tan B\tan C$.

证明

$\cos A\cos B\cos C(\tan A + \tan B + \tan C - \tan A\tan B\tan C)$

$= \cos B\cos C\sin A + \cos A\sin B\cos C + \cos A\cos B\sin C - \sin A\sin B\sin C$

$= \sin A(\cos B\cos C - \sin B\sin C) +$

　$\cos A(\sin B\cos C + \cos B\sin C)$

$= \sin A\cos(B+C) + \cos A\sin(B+C) = \sin(A+B+C)$.

所以原式成立.

32.* 证明：$\dfrac{1}{2}\tan\dfrac{\theta}{2}+\dfrac{1}{4}\tan\dfrac{\theta}{4}=\dfrac{1}{4}\cot\dfrac{\theta}{4}-\cot\theta$.

证明　因为

$$\tan\alpha-\cot\alpha=\dfrac{\sin\alpha}{\cos\alpha}-\dfrac{\cos\alpha}{\sin\alpha}=\dfrac{\sin^2\alpha-\cos^2\alpha}{\sin\alpha\cos\alpha}=\dfrac{-2\cos 2\alpha}{\sin 2\alpha}$$

$$=-2\cot 2\alpha,$$

所以

$$\dfrac{1}{2}\tan\dfrac{\theta}{2}+\dfrac{1}{4}\tan\dfrac{\theta}{4}-\dfrac{1}{4}\cot\dfrac{\theta}{4}=\dfrac{1}{2}\tan\dfrac{\theta}{2}-\dfrac{1}{4}\times 2\cot\dfrac{\theta}{2}$$

$$=\dfrac{1}{2}\left(\tan\dfrac{\theta}{2}-\cot\dfrac{\theta}{2}\right)$$

$$=\dfrac{1}{2}\times(-2\cot\theta)=-\cot\theta.$$

故原式成立.

公式 $\tan\alpha-\cot\alpha=-2\cot 2\alpha$ 在上面的证明过程中用了两次.

33. 证明：$\dfrac{\cot A+\operatorname{cosec} A}{\tan A+\sec A}=\cot\left(\dfrac{\pi}{4}+\dfrac{A}{2}\right)\cot\dfrac{A}{2}$.

证明　左边 $=\dfrac{\cos A(\cos A+1)}{\sin A(\sin A+1)}$.

利用公式 $\tan\dfrac{\alpha}{2}=\dfrac{\sin\alpha}{1+\cos\alpha}$，可得

$$右边=\dfrac{1+\cos\left(\dfrac{\pi}{2}+A\right)}{\sin\left(\dfrac{\pi}{2}+A\right)}\cdot\dfrac{1+\cos A}{\sin A}$$

$$=\dfrac{(1-\sin A)(1+\cos A)}{\cos A\sin A}$$

$$=\dfrac{1+\cos A}{\sin A}\times\dfrac{(1-\sin A)(1+\sin A)}{\cos A(1+\sin A)}$$

$$= \frac{(1 + \cos A)\cos^2 A}{\sin A \cos A(1 + \sin A)}$$

$$= 左边.$$

34. 证明: $\cot \dfrac{\theta}{2} - 3\cot \dfrac{3\theta}{2} = \dfrac{4\sin \theta}{1 + 2\cos \theta}$.

证明　左边 $= \dfrac{\cos \dfrac{\theta}{2}}{\sin \dfrac{\theta}{2}} - \dfrac{3\cos \dfrac{3\theta}{2}}{\sin \dfrac{3\theta}{2}} = \dfrac{\cos \dfrac{\theta}{2}\sin \dfrac{3\theta}{2} - 3\sin \dfrac{\theta}{2}\cos \dfrac{3\theta}{2}}{\sin \dfrac{\theta}{2}\sin \dfrac{3\theta}{2}}$

$$= \frac{\sin\theta - 2\sin \dfrac{\theta}{2}\cos \dfrac{3\theta}{2}}{\sin \dfrac{\theta}{2}\sin \dfrac{3\theta}{2}} = \frac{2(\sin\theta - \sin 2\theta + \sin \theta)}{\cos \theta - \cos 2\theta}$$

$$= \frac{4\sin \theta(1 - \cos \theta)}{\cos \theta - 2\cos^2 \theta + 1} = \frac{4\sin \theta(1 - \cos \theta)}{(1 - \cos \theta)(1 + 2\cos \theta)}$$

$$= 右边.$$

另证　左边 $= \dfrac{1 + \cos \theta}{\sin \theta} - \dfrac{3(1 + \cos 3\theta)}{\sin 3\theta}$

$$= \frac{(1 + \cos \theta)(3 - 4\sin^2 \theta) - 3(1 - 3\cos \theta + 4\cos^3 \theta)}{\sin \theta(3 - 4\sin^2 \theta)}$$

$$= \frac{4(3\cos \theta - \sin^2 \theta - \cos \theta\sin^2 \theta - 3\cos^3 \theta)}{\sin \theta(4\cos^2 \theta - 1)}$$

$$= \frac{4\sin^2 \theta(3\cos \theta - 1 - \cos \theta)}{\sin \theta(4\cos^2 \theta - 1)}$$

$$= \frac{4\sin \theta(2\cos \theta - 1)}{4\cos^2 \theta - 1} = 右边.$$

35. 证明: $\dfrac{3 - 4\cos 2A + \cos 4A}{3 + 4\cos 2A + \cos 4A} = \tan^4 A$.

证明　左边 $= \dfrac{3 - 4\cos 2A + 2\cos^2 2A - 1}{3 + 4\cos 2A + 2\cos^2 2A - 1}$

$$= \frac{\cos^2 2A - 2\cos 2A + 1}{\cos^2 2A + 2\cos 2A + 1} = \left(\frac{\cos 2A - 1}{\cos 2A + 1}\right)^2$$

$$= (\tan^2 A)^2 = \tan^4 A = 右边.$$

其中利用 $\tan^2 \alpha = \dfrac{1 - \cos 2\alpha}{1 + \cos 2\alpha}$.

36. 证明:在 $\dfrac{\pi}{6} < x < \dfrac{\pi}{4}$ 时,$\operatorname{arccot}(\tan 2x) + \operatorname{arccot}(-\tan 3x)$

$= x$.

证明 在 $\dfrac{\pi}{6} < x < \dfrac{\pi}{4}$ 时,有

$$0 < \frac{\pi}{2} - 2x < \pi, \quad 0 < 3x - \frac{\pi}{2} < \pi,$$

所以

$$\operatorname{arccot}(\tan 2x) + \operatorname{arccot}(-\tan 3x)$$

$$= \operatorname{arccot}\left(\cot\left(\frac{\pi}{2} - 2x\right)\right) + \operatorname{arccot}\left(\cot\left(3x - \frac{\pi}{2}\right)\right)$$

$$= \left(\frac{\pi}{2} - 2x\right) + \left(3x - \frac{\pi}{2}\right) = x.$$

因为 $\operatorname{arccot}(\cot a) = a$ 当且仅当 $0 < a < \pi$ 时成立,所以必须有限制条件,上面的等式才能成立.

37. 设 x, y 为正,且 $xy < 1$.证明:

$$\arctan \frac{1-x}{1+x} - \arctan \frac{1-y}{1+y} = \arcsin \frac{y-x}{\sqrt{1+x^2}\,\sqrt{1+y^2}}.$$

证明 令 $\alpha = \arctan \dfrac{1-x}{1+x}$,$\beta = \arctan \dfrac{1-y}{1+y}$,$\gamma = $

$\arcsin \dfrac{y-x}{\sqrt{1+x^2}\,\sqrt{1+y^2}}$(因为 $\dfrac{|y-x|}{\sqrt{1+x^2}\,\sqrt{1+y^2}} < \dfrac{\max(y,x)}{1 \cdot \max(y,x)}$

$= 1$,所以 γ 存在),则 $-\dfrac{\pi}{2} < \gamma < \dfrac{\pi}{2}$.

因为 x,y 均为正,所以 $\left|\dfrac{1-x}{1+x}\right|<1$, $\left|\dfrac{1-y}{1+y}\right|<1$,且

$$-\frac{\pi}{4}<\alpha<\frac{\pi}{4}, \quad -\frac{\pi}{4}<\beta<\frac{\pi}{4}, \quad |\alpha-\beta|<\frac{\pi}{2}.$$

又

$$\tan(\alpha-\beta)=\frac{\tan\alpha-\tan\beta}{1+\tan\alpha\tan\beta}=\frac{\dfrac{1-x}{1+x}-\dfrac{1-y}{1+y}}{1+\dfrac{1-x}{1+x}\cdot\dfrac{1-y}{1+y}}$$

$$=\frac{(1-x)(1+y)-(1+x)(1-y)}{(1+x)(1+y)+(1-x)(1-y)}=\frac{y-x}{1+xy}.$$

于是

$$\sin\gamma=\frac{y-x}{\sqrt{1+x^2}\sqrt{1+y^2}},$$

$$\cos\gamma=\sqrt{1-\frac{(y-x)^2}{(1+x^2)(1+y^2)}}=\frac{\sqrt{(1+x^2)(1+y^2)-(y-x)^2}}{\sqrt{1+x^2}\sqrt{1+y^2}}$$

$$=\frac{\sqrt{1+x^2y^2+2xy}}{\sqrt{1+x^2}\sqrt{1+y^2}}=\frac{1+xy}{\sqrt{1+x^2}\sqrt{1+y^2}},$$

$$\tan\gamma=\frac{\sin\gamma}{\cos\gamma}=\frac{y-x}{1+xy}=\tan(\alpha-\beta).$$

因为在区间 $\left(-\dfrac{\pi}{2},\dfrac{\pi}{2}\right)$ 上,$\tan x$ 是单射,所以 $\alpha-\beta=\gamma$.

38.* 证明:$\arctan\dfrac{2mn}{m^2-n^2}+\arctan\dfrac{2pq}{p^2-q^2}$ 与 $\arctan\dfrac{2MN}{M^2-N^2}$ 相等或相差 π,其中 $m^2\neq n^2$,$p^2\neq q^2$,$M^2\neq N^2$,并且 $M=mp-nq$,$N=np+mq$.

证明 令 $\alpha = \arctan\dfrac{n}{m}, \beta = \arctan\dfrac{q}{p}, \gamma = \arctan\dfrac{N}{M}$，则

$$\tan(\alpha + \beta) = \frac{\tan\alpha + \tan\beta}{1 - \tan\alpha\tan\beta} = \frac{\dfrac{n}{m} + \dfrac{q}{p}}{1 - \dfrac{nq}{mp}} = \frac{np + mq}{mp - nq}$$

$$= \frac{N}{M} = \tan\gamma,$$

所以 $\alpha + \beta$ 与 γ 相差 π 的整数倍(可能相等,即相差 π 的 0 倍).

$$\tan 2\alpha = \frac{2\tan\alpha}{1 - \tan^2\alpha} = \frac{\dfrac{2n}{m}}{1 - \left(\dfrac{n}{m}\right)^2} = \frac{2mn}{m^2 - n^2},$$

所以 2α 与 $\arctan\dfrac{2mn}{m^2 - n^2}$ 相差 π 的整数倍.

同理 2β 与 $\arctan\dfrac{2pq}{p^2 - q^2}, 2\gamma$ 与 $\arctan\dfrac{2MN}{M^2 - N^2}$,都相差 π

的整数倍. 从而 $\arctan\dfrac{2pq}{p^2 - q^2} + \arctan\dfrac{2mn}{m^2 - n^2}$ 与 $2(\alpha + \beta)$ 相

差 π 的整数倍,与 2γ,与 $\arctan\dfrac{2MN}{M^2 - N^2}$ 都相差 π 的整数倍.但

$$-\frac{\pi}{2} < \arctan\frac{2MN}{M^2 - N^2} < \frac{\pi}{2},$$

$$-\pi = \left(-\frac{\pi}{2}\right) + \left(-\frac{\pi}{2}\right)$$

$$< \arctan\frac{2mn}{m^2 - n^2} + \arctan\frac{2pq}{p^2 - q^2}$$

$$< \frac{\pi}{2} + \frac{\pi}{2} = \pi,$$

所以 $\arctan \dfrac{2mn}{m^2 - n^2} + \arctan \dfrac{2pq}{p^2 - q^2}$ 与 $\arctan \dfrac{2MN}{M^2 - N^2}$ 相等或

相差 π.

39. 证明:$(x\tan \alpha + y\cot \alpha)(x\cot \alpha + y\tan \alpha) = (x + y)^2$
$+ 4xy\cot^2 2\alpha$.

证明　左边 $= x^2 + y^2 + xy(\tan^2\alpha + \cot^2\alpha) = (x + y)^2 +$
$xy(\tan^2\alpha + \cot^2\alpha - 2)$.

由 32 题,$-2\cot 2\alpha = \tan \alpha - \cot \alpha$,所以

$$右边 = (x + y)^2 + xy(\tan \alpha - \cot \alpha)^2$$
$$= (x + y)^2 + xy(\tan^2\alpha + \cot^2\alpha - 2).$$

因此原式成立.

40. 解方程 $(1 - \tan \theta)(1 + \sin 2\theta) = 1 + \tan \theta$.

解　展开、合并同类项得

$$\sin 2\theta - 2\tan \theta = \sin 2\theta \tan \theta,$$

即(两边同乘 $\dfrac{1}{2}\cos \theta$)

$$\sin \theta\cos^2 \theta - \sin \theta = \sin^2 \theta\cos \theta,$$
$$\sin^2 \theta(\sin \theta + \cos \theta) = 0,$$
$$\sin \theta = 0 \text{ 或 } \tan \theta = -1,$$
$$\theta = n\pi \text{ 或 } n\pi - \frac{\pi}{4} \quad (n \in \mathbf{Z}).$$

41. 证明:$4\sin(\theta - \alpha)\sin(m\theta - \alpha)\cos(\theta - m\theta) = 1 +$
$\cos(2\theta - 2m\theta) - \cos(2\theta - 2\alpha) - \cos(2m\theta - 2\alpha)$.

证明

$$右边 = 2(\cos^2(\theta - m\theta) - \cos(m\theta - \theta)\cos((m + 1)\theta - 2\alpha))$$
$$= 2\cos(\theta - m\theta)(\cos(\theta - m\theta) - \cos((m + 1)\theta - 2\alpha))$$

$$= 4\cos(\theta - m\theta)\sin(\theta - \alpha)\sin(m\theta - \alpha)$$

$$= 左边.$$

42. 证明:在 2θ 为锐角时,$\sec\theta = \dfrac{2}{\sqrt{2 + \sqrt{2 + 2\cos 4\theta}}}$.

证明 因为 2θ 为锐角,所以

$$\sqrt{2 + 2\cos 4\theta} = \sqrt{4\cos^2 2\theta} = 2\cos 2\theta,$$

$$\sqrt{2 + 2\cos 2\theta} = 2\cos\theta,$$

$$\dfrac{2}{\sqrt{2 + \sqrt{2 + 2\cos 4\theta}}} = \dfrac{2}{2\cos\theta} = \sec\theta.$$

43. 证明:$\tan 20°\tan 40°\tan 80° = \tan 60°$.

证明 $左边 = \dfrac{\sin 20°\sin 40°\sin 80°}{\cos 20°\cos 40°\cos 80°} = \dfrac{8\sin^2 20°\sin 40°\sin 80°}{\sin 160°}$

$$= 8\sin 20°\sin 40°\sin 80°$$

$$= 4(\cos 20° - \cos 60°)\sin 80°$$

$$= 4\left(\cos 20° - \dfrac{1}{2}\right)\cos 10°$$

$$= \dfrac{4\sin 10°\cos 10°\left(\cos 20° - \dfrac{1}{2}\right)}{\sin 10°}$$

$$= \dfrac{\sin 40° - \sin 20°}{\sin 10°} = \dfrac{2\cos 30°\sin 10°}{\sin 10°} = 2\cos 30°$$

$$= \sqrt{3} = \tan 60° = 右边.$$

44.* 化 $\arctan\dfrac{x\cos\theta}{1 - x\sin\theta} - \text{arccot}\dfrac{\cos\theta}{x - \sin\theta}$ 为最简形式,其中 θ 为锐角.

解 设 $\alpha = \arctan\dfrac{x\cos\theta}{1 - x\sin\theta}$, $\beta = \text{arccot}\dfrac{\cos\theta}{x - \sin\theta}$,则

$$-\frac{\pi}{2}<\alpha<\frac{\pi}{2},\quad 0<\beta<\pi.$$

在 $x<\sin\theta$ 时，$\dfrac{\cos\theta}{x-\sin\theta}<0$，所以

$$-\frac{\pi}{2}<\alpha<\frac{\pi}{2},\quad \frac{\pi}{2}<\beta<\pi,\quad -\frac{3\pi}{2}<\alpha-\beta<0.$$

因为

$$\tan(\alpha-\beta)=\frac{\tan\alpha-\tan\beta}{1+\tan\alpha\tan\beta}=\frac{\dfrac{x\cos\theta}{1-x\sin\theta}-\dfrac{x-\sin\theta}{\cos\theta}}{1+\dfrac{x\cos\theta}{1-x\sin\theta}\cdot\dfrac{x-\sin\theta}{\cos\theta}}$$

$$=\frac{x\cos^2\theta-(1-x\sin\theta)(x-\sin\theta)}{(1-x\sin\theta)\cos\theta+x(x-\sin\theta)\cos\theta}$$

$$=\frac{\sin\theta(x^2-2x\sin\theta+1)}{\cos\theta(x^2-2x\sin\theta+1)}=\frac{\sin\theta}{\cos\theta}=\tan\theta,$$

$$(9.1)$$

所以这时 $\alpha-\beta=\theta-\pi$.

在 $x>\dfrac{1}{\sin\theta}$ 时，$0>\dfrac{x\cos\theta}{1-x\sin\theta}$，所以

$$-\frac{\pi}{2}<\alpha<0,\quad -\frac{3\pi}{2}<\alpha-\beta<0.$$

同样有 $\alpha-\beta=\theta-\pi$.

在 $\sin\theta<x<\dfrac{1}{\sin\theta}$ 时，有

$$0<\alpha<\frac{\pi}{2},\quad 0<\beta<\frac{\pi}{2},\quad -\frac{\pi}{2}<\alpha-\beta<\frac{\pi}{2}.$$

这时仍有式(9.1)，所以 $\alpha-\beta=\theta$.

于是，原式 $=\begin{cases}\theta-\pi,&\text{若 } x<\sin\theta \text{ 或 } x>\dfrac{1}{\sin\theta};\\[2mm]\theta,&\text{若 }\sin\theta<x<\dfrac{1}{\sin\theta}.\end{cases}$

本题重点在确定 $\alpha - \beta$ 的取值范围.

45. 证明：α 为锐角时，$\arctan \dfrac{3\sin 2\alpha}{5 + 3\cos 2\alpha} + \arctan \dfrac{\tan \alpha}{4}$

$= \alpha$.

证明　设 $\arctan \dfrac{3\sin 2\alpha}{5 + 3\cos 2\alpha} = \beta$，$\arctan \dfrac{\tan \alpha}{4} = \gamma$. 因为

$0 < \alpha < \dfrac{\pi}{2}$，所以 $0 < \tan \alpha$，$0 < \gamma < \dfrac{\pi}{2}$，$-\dfrac{\pi}{2} < \alpha - \gamma < \dfrac{\pi}{2}$. 因为

$-\dfrac{\pi}{2} < \beta < \dfrac{\pi}{2}$，且

$$\tan(\alpha - \gamma) = \frac{\tan \alpha - \dfrac{\tan \alpha}{4}}{1 + \tan \alpha \cdot \dfrac{\tan \alpha}{4}} = \frac{3\tan \alpha}{4 + \tan^2 \alpha} = \frac{3\sin \alpha \cos \alpha}{4\cos^2 \alpha + \sin^2 \alpha}$$

$$= \frac{3\sin 2\alpha}{8\cos^2 \alpha + 2\sin^2 \alpha} = \frac{3\sin 2\alpha}{3(1 + \cos 2\alpha) + 2} = \frac{3\sin 2\alpha}{5 + 3\cos 2\alpha}$$

$$= \tan \beta,$$

所以 $\alpha - \gamma = \beta$，结论成立.

46. 已知 $\arctan y = 4\arctan x$. 将 y 表示为 x 的有理函数（即分式函数）.

解　因为 $\tan(2\arctan x) = \dfrac{2x}{1 - x^2}$，所以

$$y = \tan(4\arctan x) = \frac{2 \cdot \dfrac{2x}{1 - x^2}}{1 - \left(\dfrac{2x}{1 - x^2}\right)^2} = \frac{4x(1 - x^2)}{(1 - x^2)^2 - 4x^2}.$$

47. 若 $A + B + C = 0$，证明：$1 + 2\sin B \sin C \cos A + \cos^2 A$

$= \cos^2 B + \cos^2 C$.

证明　原式$\Leftrightarrow \sin^2 B + \sin^2 C + 2\sin B \sin C \cos(B + C) - \sin^2(B + C) = 0.$

上式左边 $= \sin^2 B + \sin^2 C - \sin^2 B \cos^2 C - \sin^2 C \cos^2 B +$

$$2\sin B \sin C \cos(B + C) - 2\sin B \sin C \cos B \cos C$$

$$= 2\sin^2 B \sin^2 C - 2\sin B \sin C \sin B \sin C = 0.$$

48. 若 $A + B + C = 180°$，证明：$1 - 2\sin B \sin C \cos A + \cos^2 A = \cos^2 B + \cos^2 C.$

证明　原式 $\Leftrightarrow \sin^2 B + \sin^2 C - 2\sin B \sin C \cos A = \sin^2 A.$
这就是第 8 章例 3 末尾所说的等式. 它又 $\Leftrightarrow \sin^2 B + \sin^2 C + 2\sin B \sin C \cos(B + C) - \sin^2(B + C) = 0.$

这已经在上一题证过.

47、48 两题形式类似，证法也类似.

49. 若 $A + B + C = \pi$，证明：$\displaystyle\sum \frac{\tan A}{\tan B \tan C} = \sum \tan A - 2\sum \cot A.$ 其中 $\displaystyle\sum \frac{\tan A}{\tan \tan C} = \frac{\tan A}{\tan B \tan C} + \frac{\tan B}{\tan C \tan A} + \frac{\tan C}{\tan A \tan B},\ \sum \tan A = \tan A + \tan B + \tan C,\ \sum \cot A = \cot A + \cot B + \cot C.$

证明　$\tan A - \dfrac{\tan A}{\tan B \tan C} = \dfrac{\tan A}{\tan B \tan C}(\tan B \tan C - 1)$

$$= \frac{-\tan(B + C)}{\tan B \tan C}(\tan B \tan C - 1) = \frac{\tan B + \tan C}{\tan B \tan C} = \cot B + \cot C.$$

将 A 换为 B, C，得到另两个类似的式子，三个式子相加便得结果.

50. 若 $A + B + C = 180°$，证明：$\sin^3 A + \sin^3 B + \sin^3 C =$

$3\cos \dfrac{A}{2} \cos \dfrac{B}{2} \cos \dfrac{C}{2} + \cos \dfrac{3A}{2} \cos \dfrac{3B}{2} \cos \dfrac{3C}{2}.$

证明　左边 $= \dfrac{1}{4}\left(3\sum \sin A - \sum \sin 3A\right).$

$$\sum \sin A = 2\sin \dfrac{A}{2} \cos \dfrac{A}{2} + 2\sin \dfrac{B+C}{2} \cos \dfrac{B-C}{2}$$

$$= 2\cos \dfrac{A}{2}\left(\sin \dfrac{A}{2} + \cos \dfrac{B-C}{2}\right)$$

$$= 2\cos \dfrac{A}{2}\left(\cos \dfrac{B+C}{2} + \cos \dfrac{B-C}{2}\right)$$

$$= 4\cos \dfrac{A}{2} \cos \dfrac{B}{2} \cos \dfrac{C}{2}.$$

同样，$\sum \sin 3A = -4\cos \dfrac{3A}{2} \cos \dfrac{3B}{2} \cos \dfrac{3C}{2}$，所以

原式左边 $= \dfrac{1}{4}\left(3 \times 4\cos \dfrac{A}{2} \cos \dfrac{B}{2} \cos \dfrac{C}{2} + 4\cos \dfrac{3A}{2} \cos \dfrac{3B}{2} \cos \dfrac{3C}{2}\right)$

$=$ 右边.

51. 若 $A + B + C = 180°$，证明：

$$\cos \dfrac{A}{2} + \cos \dfrac{B}{2} + \cos \dfrac{C}{2}$$

$$= 4\cos\left(45° - \dfrac{A}{4}\right) \cos\left(45° - \dfrac{B}{4}\right) \cos\left(45° - \dfrac{C}{4}\right).$$

证明　令 $A = 2\alpha, B = 2\beta, C = 2\gamma$，则 $\alpha + \beta + \gamma = 90°$.

原式右边 $= 4\cos\left(45° - \dfrac{\alpha}{2}\right) \cos\left(45° - \dfrac{\beta}{2}\right) \cos\left(45° - \dfrac{\gamma}{2}\right)$

$$= 4\cos \dfrac{90° - \alpha}{2} \cos \dfrac{90° - \beta}{2} \cos \dfrac{90° - \gamma}{2}$$

$$= 4\cos \dfrac{\beta + \gamma}{2} \cos \dfrac{\gamma + \alpha}{2} \cos \dfrac{\alpha + \beta}{2}$$

$$= 2\cos\frac{\beta+\gamma}{2}\left(\cos\frac{\beta-\gamma}{2} + \cos\frac{2\alpha+\beta+\gamma}{2}\right)$$

$$= 2\cos\frac{\beta+\gamma}{2}\cos\frac{\beta-\gamma}{2} + 2\cos\frac{90°-\alpha}{2}\cos\frac{90°+\alpha}{2}$$

$$= \cos\beta + \cos\gamma + \cos\alpha + \cos 90°$$

$$= \cos\frac{A}{2} + \cos\frac{B}{2} + \cos\frac{C}{2} = 左边.$$

用 α,β,γ 代替 A,B,C,简单清晰.

52. 若 $\alpha+\beta+\gamma=0$,证明:

$$\cos\alpha + \cos\beta + \cos\gamma = 4\cos\frac{\alpha}{2}\cos\frac{\beta}{2}\cos\frac{\gamma}{2} - 1.$$

证明　移 -1 至左边.这样左边变成四项,两两搭配.

$$\cos\alpha + \cos\beta + \cos\gamma + 1 = 2\cos\frac{\alpha+\beta}{2}\cos\frac{\alpha-\beta}{2} + 2\cos^2\frac{\gamma}{2}$$

$$= 2\cos\frac{\gamma}{2}\left(\cos\frac{\alpha-\beta}{2} + \cos\frac{\alpha+\beta}{2}\right)$$

$$= 4\cos\frac{\gamma}{2}\cos\frac{\alpha}{2}\cos\frac{\beta}{2}.$$

所以原式成立.

53. 若 $A + B + C = \dfrac{\pi}{2}$,证明:$\cot A + \cot B + \cot C = \cot A\cot B\cot C.$

证明　因为 $\cot A = \tan(B + C) = \dfrac{\tan B + \tan C}{1 - \tan B\tan C} = \dfrac{\cot C + \cot B}{\cot B\cot C - 1}$,所以

$$\cot A(\cot B\cot C - 1) = \cot C + \cot B,$$

即 $\cot A + \cot B + \cot C = \cot A\cot B\cot C.$

54. 证明:$x + y + z$ 为 $\frac{\pi}{2}$ 的奇数倍时,有 $\cos(x - y - z) +$

$\cos(y - z - x) + \cos(z - x - y) - 4\cos x \cos y \cos z = 0$.

证明　左边 $= 2\cos z \cos(x - y) + \cos(z - x - y)$

$\qquad\qquad - 2(\cos(x + y) + \cos(x - y))\cos z$

$\qquad = \cos(z - x - y) - 2\cos(x + y)\cos z$

$\qquad = \cos(z - x - y) - \cos(x + y - z) - \cos(x + y + z)$

$\qquad = -\cos(x + y + z) = 0 = 右边.$

本题需细致观察,想仔细了再动手.

55. 若 $A + B + C = 2S$, 证明:$\cos^2 S + \cos^2(S - A) +$

$\cos^2(S - B) + \cos^2(S - C) = 2 + 2\cos A \cos B \cos C$.

证明　左边 $= \dfrac{1}{2}(1 + \cos 2S + 1 + \cos(2S - 2A) + 1 +$

$\qquad\qquad \cos(2S - 2B) + 1 + \cos(2S - 2C))$

$\qquad = 2 + \cos(2S - A)\cos A +$

$\qquad\qquad \cos(2S - B - C)\cos(B - C)$

$\qquad = 2 + \cos(B + C)\cos A + \cos A \cos(B - C)$

$\qquad = 2 + \cos A(\cos(B + C) + \cos(B - C))$

$\qquad = 右边.$

56. 给定 β. 证明:$\dfrac{\pi}{4} - \beta$ 是方程 $2\sec 2x = \tan \beta + \cot \beta$ 的

一个解.

证明　$2\sec 2\left(\dfrac{\pi}{4} - \beta\right) = 2\operatorname{cosec} 2\beta = \dfrac{2}{\sin 2\beta} = \dfrac{1}{\cos \beta \sin \beta}$

$\qquad\qquad = \dfrac{\sin^2 \beta + \cos^2 \beta}{\cos \beta \sin \beta} = \tan \beta + \cot \beta.$

57. 证明:$\dfrac{b^2-c^2}{a}\cos A+\dfrac{c^2-a^2}{b}\cos B+\dfrac{a^2-b^2}{c}\cos C=0.$

证明　由余弦定理,有 $\cos A=\dfrac{b^2+c^2-a^2}{2bc}$ 等等,所以

$$\sum\dfrac{b^2-c^2}{a}\cos A=\dfrac{1}{2abc}\sum(b^2-c^2)(b^2+c^2-a^2)$$

$$=\dfrac{1}{2abc}\sum(b^4-c^4-a^2b^2+a^2c^2)$$

$$=\dfrac{1}{2abc}(b^4-c^4+c^4-a^4+a^4-b^4-a^2b^2$$

$$+a^2c^2-b^2c^2+b^2a^2-c^2a^2+c^2b^2)$$

$$=0.$$

58. 在 $\triangle ABC$ 中,求证:

(1) $\sin A+\sin B+\sin C=4\cos\dfrac{A}{2}\cos\dfrac{B}{2}\cos\dfrac{C}{2}$;

(2) $\sin 2A+\sin 2B+\sin 2C=4\sin A\sin B\sin C.$

证明　(1) $\sin A+\sin B+\sin C$

$$=2\sin\dfrac{A}{2}\cos\dfrac{A}{2}+2\sin\dfrac{B+C}{2}\cos\dfrac{B-C}{2}$$

$$=2\sin\dfrac{A}{2}\cos\dfrac{A}{2}+2\sin\left(90°-\dfrac{A}{2}\right)\cos\dfrac{B-C}{2}$$

$$=2\cos\dfrac{A}{2}\left(\sin\dfrac{A}{2}+\cos\dfrac{B-C}{2}\right)$$

$$=2\cos\dfrac{A}{2}\left(\cos\dfrac{B+C}{2}+\cos\dfrac{B-C}{2}\right)$$

$$=4\cos\dfrac{A}{2}\cos\dfrac{B}{2}\cos\dfrac{C}{2}$$

（本题已在第 6 章例 21 中出现过）.

(2) $\sin 2A+\sin 2B+\sin 2C$

$$= 2\sin A\cos A + 2\sin(B+C)\cos(B-C)$$

$$= 2\sin A(\cos A + \cos(B-C))$$

$$= 4\sin A\cos\frac{A+B-C}{2}\cos\frac{A-B+C}{2}$$

$$= 4\sin A\sin B\sin C.$$

59. 证明: $\sum \dfrac{\cos A}{c\cos B + b\cos C} = \dfrac{a^2 + b^2 + c^2}{2abc}$.

证明 $c\cos B + b\cos C = a$, $\cos A = \dfrac{b^2 + c^2 - a^2}{2bc}$, 所以

$$\sum \frac{\cos A}{c\cos B + b\cos C} = \frac{1}{2abc}\sum (b^2 + c^2 - a^2)$$

$$= \frac{a^2 + b^2 + c^2}{2abc}.$$

60. 证明:

(1) $\sum \sin 3A\sin(B-C) = 0$;

(2) $\sum a^3\sin(B-C) = 0$.

证明 (1) $2\sum \sin 3A\sin(B-C)$

$$= \sum (\cos(3A-B+C) - \cos(3A+B-C))$$

$$= \sum (\cos(2A+\pi-2B) - \cos(2A+\pi-2C))$$

$$= \sum (\cos 2(A-C) - \cos 2(A-B)) = 0.$$

(2) $2\sum \sin A\sin(B-C)$

$$= \sum (\cos(A-B+C) - \cos(A+B-C))$$

$$= \sum (\cos(\pi-2B) - \cos(\pi-2C))$$

$$= \sum (\cos 2C - \cos 2B) = 0.$$

所以

$$\sum a^3 \sin(B-C) = 8R^3 \sum \sin^3 A \sin(B-C)$$

$$= 2R^3 \sum (3\sin A - \sin 3A)\sin(B-C)$$

$$= 2R^3 (3\sum \sin A \sin(B-C) -$$

$$\sum \sin 3A \sin(B-C))$$

$$= 0.$$

61. 证明:$\sin 10A + \sin 10B + \sin 10C = 4\sin 5A \sin 5B \sin 5C$,

并且 $\dfrac{5\pi + A}{2^5}, \dfrac{5\pi + B}{2^5}, \dfrac{5\pi + C}{2^5}$ 的余切的和等于它们的积.

证明　$\sin 10A + \sin 10B + \sin 10C$

$$= 2\sin 5A \cos 5A + 2\sin 5(B+C)\cos 5(B-C)$$

$$= 2\sin 5A(\cos 5A + \cos 5(B-C))$$

$$= 2\sin 5A(-\cos 5(B+C) + \cos 5(B-C))$$

$$= 4\sin 5A \sin 5B \sin 5C.$$

$\dfrac{5\pi + A}{2^5} + \dfrac{5\pi + B}{2^5} + \dfrac{5\pi + C}{2^5} = \dfrac{16\pi}{2^5} = \dfrac{\pi}{2}$, 于是由 53 题即得后

一结论.

62. 证明:$\dfrac{(\cos B + \cos C)(1 + 2\cos A)}{1 + \cos A - 2\cos^2 A} = \dfrac{b+c}{a}$.

证明　左边 $= \dfrac{(\cos B + \cos C)(1 + 2\cos A)}{(1 - \cos A)(1 + 2\cos A)} = \dfrac{\cos B + \cos C}{1 - \cos A}$

$$= \dfrac{2\cos \dfrac{B+C}{2}\cos \dfrac{B-C}{2}}{2\cos^2 \dfrac{B+C}{2}} = \dfrac{\cos \dfrac{B-C}{2}}{\cos \dfrac{B+C}{2}}$$

$$= \frac{2\sin\dfrac{B+C}{2}\cos\dfrac{B-C}{2}}{2\sin\dfrac{B+C}{2}\cos\dfrac{B+C}{2}} = \frac{\sin B + \sin C}{\sin A} = \frac{b+c}{a}.$$

63. 证明：

(1) $bc\sin^2 A = a^2(\cos A + \cos B\cos C)$；

(2) $bc\cos A + ca\cos B + 2ab\cos C = a^2 + b^2$.

证明 （1） $\sin B\sin C - \cos B\cos C = -\cos(B+C) = \cos A$，所以

$$\begin{aligned} bc\sin^2 A &= 4R^2\sin B\sin C\sin^2 A = a^2\sin B\sin C \\ &= a^2(\cos A + \cos B\cos C). \end{aligned}$$

(2) 左边 $= \dfrac{1}{2}(b^2 + c^2 - a^2) + \dfrac{1}{2}(c^2 + a^2 - b^2) +$

$$(a^2 + b^2 - c^2) = a^2 + b^2$$

$$= 右边.$$

64. 证明：$(a + b + c)\tan\dfrac{C}{2} = a\cot\dfrac{A}{2} + b\cot\dfrac{B}{2} - c\cot\dfrac{C}{2}.$

证明 不妨设 $R = 1$.

$$\begin{aligned} 原式右边 &= \frac{2\sin A\cos\dfrac{A}{2}}{\sin\dfrac{A}{2}} + \frac{2\sin B\cos\dfrac{B}{2}}{\sin\dfrac{B}{2}} - \frac{2\sin C\cos\dfrac{C}{2}}{\sin\dfrac{C}{2}} \\ &= 4\left(\cos^2\dfrac{A}{2} + \cos^2\dfrac{B}{2} - \cos^2\dfrac{C}{2}\right) \\ &= 2(1 + \cos A + 1 + \cos B - 1 - \cos C) \\ &= 2(1 + \cos A + \cos B - \cos C). \end{aligned}$$

原式左边 $= 2(\sin A + \sin B + \sin c) \cdot \dfrac{\sin\dfrac{C}{2}}{\cos\dfrac{C}{2}}$

$$= 4\left(\sin\dfrac{A+B}{2}\cos\dfrac{A-B}{2} + \sin\dfrac{C}{2}\cos\dfrac{C}{2}\right)\dfrac{\sin\dfrac{C}{2}}{\cos\dfrac{C}{2}}$$

$$= 4\left(\cos\dfrac{A-B}{2} + \sin\dfrac{C}{2}\right)\sin\dfrac{C}{2}$$

$$= 2\left(\sin\dfrac{A+C-B}{2} + \sin\dfrac{B+C-A}{2} + 1 - \cos C\right)$$

$$= 2(\sin(90° - B) + \sin(90° - A) + 1 - \cos C)$$

$$= 2(1 + \cos A + \cos B - \cos C).$$

因此原式成立.

本题还是化切为弦. 其中出现的分母, 很快就被约去了.

65.* 证明: $\sum \dfrac{\tan\dfrac{A}{2}}{(a-b)(a-c)} = \dfrac{1}{\Delta}$.

证明　设内切圆与三边分别相
切于点 D, E, F (图 9.1), 则

$$AE = AF = s - a,$$

$$BD = BF = s - b,$$

$$CD = CE = s - c,$$

$$\tan\dfrac{A}{2} = \dfrac{IF}{AF} = \dfrac{r}{s-a},$$

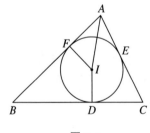

图 9.1

所以

$$\sum \dfrac{\tan\dfrac{A}{2}}{(a-b)(a-c)} = \sum \dfrac{r}{(s-a)(a-b)(a-c)}$$

$$= \sum \frac{\Delta}{s(s-a)(a-b)(a-c)}$$

$$= \frac{1}{\Delta} \sum \frac{(s-b)(s-c)}{(a-b)(a-c)}$$

$$（因为 \Delta^2 = s(s-a)(s-b)(s-c)）$$

$$= \frac{1}{\Delta}.$$

上式最后一个等号是因为 x 的次数 $\leqslant 2$ 的多项式 $\sum \frac{(x-b)(x-c)}{(a-b)(a-c)}$ 在 $x=a$ 时,值为 1(和中三项,一项为 1,另两项为 0);在 $x=b,c$ 时,值也为 1.所以恒有 $\sum \frac{(x-b)(x-c)}{(a-b)(a-c)} = 1$.

66. 证明:

(1) $(a^2 - b^2 - c^2)\tan A + (a^2 - b^2 + c^2)\tan B = 0$;

(2) $\dfrac{\cos 2A}{a^2} - \dfrac{\cos 2B}{b^2} = \dfrac{1}{a^2} - \dfrac{1}{b^2}$.

证明　(1) $(a^2 - b^2 - c^2)\tan A + (a^2 - b^2 + c^2)\tan B =$ $-2bc\cos A\tan A + 2ac\cos B\tan B = 2ac\sin B - 2bc\sin A =$ $2c(a\sin B - b\sin A) = 0$(最后一步用正弦定理).

(2) 左边 $= \dfrac{1 - 2\sin^2 A}{a^2} - \dfrac{1 - 2\sin^2 B}{b^2} = \dfrac{1}{a^2} - \dfrac{1}{b^2} - \dfrac{1}{2R^2} + \dfrac{1}{2R^2}$ $=$ 右边.

67. 证明:角平分线 $AD = \dfrac{2bc}{b+c}\cos \dfrac{A}{2}$.

证明　在 $\triangle ABD$ 中,由正弦定理

$$\frac{AD}{\sin B} = \frac{c}{\sin\left(B + \dfrac{A}{2}\right)},$$

所以

$$AD = \frac{c \sin B}{\sin\left(B + \dfrac{A}{2}\right)} = \frac{2bc \cos \dfrac{A}{2}}{4R \sin\left(B + \dfrac{A}{2}\right) \cos \dfrac{A}{2}}$$

$$= \frac{2bc \cos \dfrac{A}{2}}{2R(\sin(B+A) + \sin B)} = \frac{2bc}{c+b} \cos \frac{A}{2}.$$

68. 证明：$\dfrac{bh_1}{c} + \dfrac{ch_2}{a} + \dfrac{ah_3}{b} = \dfrac{a^2 + b^2 + c^2}{2R}$，其中 h_1, h_2, h_3

分别为边 BC, CA, AB 上的高.

证明　左边 $= \dfrac{2}{abc}(b^2\Delta + c^2\Delta + a^2\Delta) = \dfrac{2\Delta}{abc}\sum a^2$

$$= \frac{ab \sin C}{abc} \sum a^2 = \frac{\sin C}{c} \sum a^2 = 右边.$$

本题也证明了 $\Delta = \dfrac{abc}{4R}$.

69. 符号同上题. 证明：

(1) $8R^3 = \dfrac{a^2 b^2 c^2}{h_1 h_2 h_3}$；

(2) $\dfrac{1}{h_3^2} = \dfrac{1}{h_1^2} + \dfrac{1}{h_2^2} - \dfrac{2}{h_1 h_2} \cos C$.

证明　(1) 右边 $= \dfrac{a^3 b^3 c^3}{8\Delta^3} = 8R^3 = 左边$.

(2) 由余弦定理 $c^2 = a^2 + b^2 - 2ab\cos C$，两边同时除以 $2\Delta^2$ 即得.

70. 证明：$\cot B + \dfrac{\cos C}{\sin B \cos A} = \cot C + \dfrac{\cos B}{\sin C \cos A}$.

证明　左边 $= \dfrac{\cos B}{\sin B} + \dfrac{\cos C}{\sin B \cos A} = \dfrac{\cos A \cos B + \cos C}{\sin B \cos A}$

$$= \frac{\cos A \cos B - \cos(A+B)}{\sin B \cos A} = \frac{\sin A \sin B}{\sin B \cos A}$$

$$= \tan A.$$

同理,右边 $= \tan A$. 所以原式成立.

71. 证明:

$$\cos\left(\frac{3B}{2} + C - 2A\right) + \cos\left(\frac{3C}{2} + A - 2B\right) + \cos\left(\frac{3A}{2} + B - 2C\right)$$

$$= 4\cos\frac{5A - 2B - C}{4}\cos\frac{5B - 2C - A}{4}\cos\frac{5C - 2A - B}{4}.$$

证明 右边即为

$$2\left(\cos\frac{4A + 3B - 3C}{4} + \cos\frac{6A - 7B + C}{4}\right)\cos\frac{5C - 2A - B}{4}$$

$$= \cos\frac{2A + 2B + 2C}{4} + \cos\frac{6A + 4B - 8C}{4} +$$

$$\cos\frac{4A - 8B + 6C}{4} + \cos\frac{8A - 6B - 4C}{4}$$

$$= 0 + \cos\frac{3A + 2B - 4C}{2} + \cos\frac{2A - 4B + 3C}{2} +$$

$$\cos\frac{4A - 3B - 2C}{2}$$

$$= 左边.$$

本题当然也能从左边推导到右边. 但从右到左,简单、自然;而从左到右,不易找到正确的道路(先要在前面添上一项 0,能想到吗?).

72. 证明:边长 a, b, c 是方程

$$x^3 - 2sx^2 + (r^2 + s^2 + 4Rr)x - 4Rrs = 0 \qquad (9.2)$$

的根.

证明 因为

$$a + b + c = 2s, \quad abc = 2R\sin A \cdot bc = 4R\Delta = 4Rrs,$$

$$r^2 + 4Rr = \frac{\Delta^2}{s^2} + \frac{abc}{s} = \frac{(s-a)(s-b)(s-c) + abc}{s}$$

$$= s^2 - (a+b+c)s + \sum ab,$$

所以

$$\sum ab = r^2 + 4Rr - s^2 + (a+b+c)s = r^2 + 4rR + s^2.$$

因此 a, b, c 是方程(9.2)的三个根.

73. 证明：$8rR\left(\cos^2\dfrac{A}{2} + \cos^2\dfrac{B}{2} + \cos^2\dfrac{C}{2}\right) = 2bc + 2ca + 2ab - a^2 - b^2 - c^2$.

证明

$$左边 = 4rR(1 + \cos A + 1 + \cos B + 1 + \cos C)$$

$$= \frac{abc}{s}(3 + \cos A + \cos B + \cos C)$$

$$= \frac{2abc}{a+b+c}(3 + \cos A + \cos B + \cos C)$$

$$= \frac{1}{a+b+c}(6abc + a(b^2 + c^2 - a^2) + b(c^2 + a^2 - b^2) +$$

$$c(b^2 + a^2 - c^2)).$$

$$(a+b+c)(2bc + 2ca + 2ab - a^2 - b^2 - c^2)$$

$$= 6abc - a^3 - b^3 - c^3 + a^2 c + a^2 b + b^2 a + b^2 c + c^2 a + c^2 b.$$

因此,原式左边 = 右边.

74. 证明：$R = \dfrac{(r_2 + r_3)(r_3 + r_1)(r_1 + r_2)}{4(r_2 r_3 + r_3 r_1 + r_1 r_2)}$,其中 r_1, r_2, r_3 为旁切圆半径.

证明　因为

$$r_2 + r_3 = \frac{\Delta}{s-b} + \frac{\Delta}{s-c} = \frac{(s-c+s-b)\Delta}{(s-b)(s-c)} = \frac{a\Delta}{(s-b)(s-c)},$$

$$r_2 r_3 = \frac{\Delta^2}{(s-b)(s-c)},$$

$$\sum r_2 r_3 = \frac{\Delta^2}{(s-b)(s-c)(s-a)}(s-a+s-b+s-c)$$

$$= \frac{\Delta^2 s}{(s-a)(s-b)(s-c)} = s^2,$$

所以

$$\frac{(r_2+r_3)(r_3+r_1)(r_1+r_2)}{4(r_2 r_3 + r_3 r_1 + r_1 r_2)} = \frac{abc\Delta^3}{(s-a)^2(s-b)^2(s-c)^2} \div \frac{1}{4s^2}$$

$$= \frac{abc}{4\Delta} = R.$$

75. 证明：$\sum \dfrac{bc}{r_1} = 2R \sum \left(\dfrac{b}{a} + \dfrac{c}{a} - 1\right)$，$r_i\,(i=1,2,3)$意义同上题.

证明 右边 $= 2R \sum \dfrac{b+c-a}{a} = \dfrac{abc}{2\Delta} \sum \dfrac{2(s-a)}{a}$

$$= \sum \frac{bc(s-a)}{\Delta} = 左边.$$

76. 证明：$\dfrac{ab - r_1 r_2}{r_3} = \dfrac{bc - r_2 r_3}{r_1} = \dfrac{ca - r_3 r_1}{r_2}$.

证明 $\dfrac{ab - r_1 r_2}{r_3} = \dfrac{ab - \dfrac{\Delta^2}{(s-a)(s-b)}}{\dfrac{\Delta}{s-c}}$

$$= \frac{(ab - s(s-c))(s-c)}{\Delta}$$

$$= \frac{(4ab - (a+b+c)(a+b-c))(s-c)}{4\Delta}$$

$$= \frac{(c^2 - (a-b)^2)(s-c)}{4\Delta}$$

$$= \frac{(s-a)(s-b)(s-c)}{\Delta}.$$

同理，$\dfrac{bc - r_2 r_3}{r_1} = \dfrac{(s-a)(s-b)(s-c)}{\Delta} = \dfrac{ca - r_3 r_1}{r_2} =$

$\dfrac{ab - r_1 r_2}{r_3}$.

77. 点 I 为内心, 点 $I_i\,(i=1,2,3)$ 为旁心. 证明：$\displaystyle\sum \frac{AI}{AI_1} = 1$.

证明　如图 9.2 所示, 设内切圆 $\odot I$, 旁切圆 $\odot I_1$ 分别切直线 AB 于点 F, F_1, 则

$$\frac{AI}{AI_1} = \frac{AF}{AF_1} = \frac{s-a}{s},$$

所以

$$\sum \frac{AI}{AI_1} = \sum \frac{s-a}{s} = 1.$$

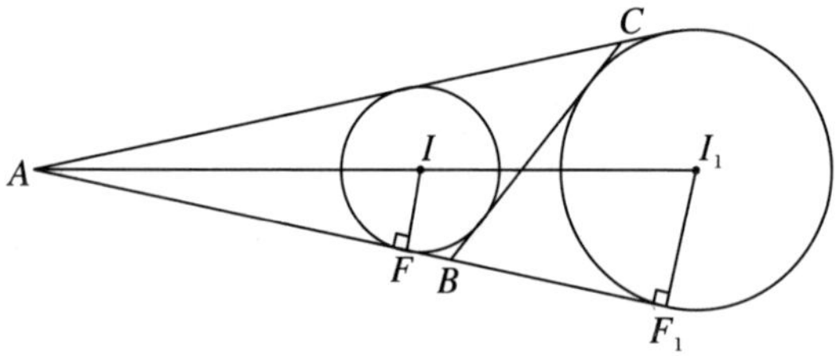

图 9.2

78. 外接圆的直径 AA', BB', CC' 分别交边 BC, CA, AB 于点 L, M, N. 证明：

(1) $\dfrac{1}{AL} + \dfrac{1}{BM} + \dfrac{1}{CN} = \dfrac{2}{R}$;

(2) $\dfrac{1}{A'L} + \dfrac{1}{B'M} + \dfrac{1}{C'N} = \dfrac{1}{2R}(4 + \sec A \sec B \sec C)$.

证明 （1）如图 9.3 所示,在△ABL 中,由正弦定理,有

$$\frac{AL}{\sin B} = \frac{c}{\sin \angle ALB},$$

又

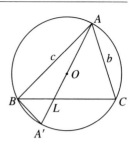

图 9.3

$$\angle ALB = C + \angle LAC = C + \angle A'BL$$
$$= C + 90° - \angle ABC,$$

所以

$$\frac{1}{AL} = \frac{\sin(C + 90° - B)}{c\sin B}$$
$$= \frac{\cos(C - B)}{2R\sin B\sin C}.$$

$$\sum \cos(C - B)\sin A = \frac{1}{2} \sum (\sin(A + C - B) + \sin(A + B - C))$$
$$= \frac{1}{2} \sum (\sin(\pi - 2B) + \sin(\pi - 2C))$$
$$= \sum \sin 2B$$
$$= 4\sin A\sin B\sin C.$$

最后一步是根据第 58 题(2).

于是

$$\sum \frac{1}{AL} = \sum \frac{\cos(C - B)}{2R\sin B\sin C}$$
$$= \frac{1}{2R\sin A\sin B\sin C} \sum \cos(C - B)\sin A = \frac{2}{R}.$$

（2）在△A'BL 中,由正弦定理有 $\frac{A'L}{\sin\angle A'BL} = \frac{A'B}{\sin\angle A'LB}$,又

$$\sin\angle A'BL = \sin(90° - B) = \cos B, \quad \sin\angle A'LB = \cos(C - B),$$
$$A'B = 2R\cos\angle BA'A = 2R\cos C,$$

所以

$$\frac{1}{A'L} = \frac{\cos(C-B)}{2R\cos B\cos C},$$

$$\sum \cos(C-B)\cos A = \frac{1}{2}\sum(\cos(A+C-B)+\cos(A+B-C))$$

$$= -\frac{1}{2}\sum(\cos 2B+\cos 2C)$$

$$= -\sum\cos 2A$$

$$= -(\cos 2A+2\cos(B+C)\cos(B-C))$$

$$= 1-2\cos^2 A+2\cos A\cos(B-C)$$

$$= 1+2\cos A(\cos(B-C)+\cos(B+C))$$

$$= 1+4\cos A\cos B\cos C.$$

于是

$$\sum\frac{1}{A'L} = \frac{1}{2R\cos A\cos B\cos C}\sum\cos(C-B)\cos A$$

$$= \frac{1+4\cos A\cos B\cos C}{2R\cos A\cos B\cos C} = \frac{1}{2R}(4+\sec A\sec B\sec C).$$

79. 若 $\cot A, \cot B, \cot C$ 成等差数列, 证明: a^2, b^2, c^2 也成等差数列.

证明 $\cot A - \cot B = \cot B - \cot C$, 即

$$\frac{\cos A}{\sin A} - \frac{\cos B}{\sin B} = \frac{\cos B}{\sin B} - \frac{\cos C}{\sin C},$$

所以

$$\frac{\sin(B-A)}{\sin A\sin B} = \frac{\sin(C-B)}{\sin B\sin C},$$

即

$$0 = \sin C \sin(B - A) - \sin A \sin(C - B)$$
$$= \sin(B + A)\sin(B - A) - \sin(B + C)\sin(C - B)$$
$$= \frac{1}{2}(\cos 2A - \cos 2B + \cos 2C - \cos 2B)$$
$$= \frac{1}{2}(1 - 2\sin^2 A - 1 + 2\sin^2 B + 1 - 2\sin^2 C - 1 + 2\sin^2 B)$$
$$= \sin^2 B - \sin^2 A + \sin^2 B - \sin^2 C,$$

也即
$$\sin^2 A - \sin^2 B = \sin^2 B - \sin^2 C,$$

两边同乘 $4R^2$ 得 $a^2 - b^2 = b^2 - c^2$，即 a^2, b^2, c^2 成等差数列.

80. 证明：$\tan\left(\dfrac{A}{2} + B\right) = \dfrac{c + b}{c - b}\tan\dfrac{A}{2}$.

证明
$$\frac{\tan\left(\dfrac{A}{2} + B\right) + \tan\dfrac{A}{2}}{\tan\left(\dfrac{A}{2} + B\right) - \tan\dfrac{A}{2}}$$

$$= \frac{\sin\left(\dfrac{A}{2} + B\right)\cos\dfrac{A}{2} + \sin\dfrac{A}{2}\cos\left(\dfrac{A}{2} + B\right)}{\sin\left(\dfrac{A}{2} + B\right)\cos\dfrac{A}{2} - \sin\dfrac{A}{2}\cos\left(\dfrac{A}{2} + B\right)}$$

$$= \frac{\sin(A + B)}{\sin B} = \frac{\sin C}{\sin B} = \frac{c}{b}.$$

用合分比定理得
$$\frac{\tan\left(\dfrac{A}{2} + B\right)}{\tan\dfrac{A}{2}} = \frac{c + b}{c - b},$$

所以结论成立.

本题用合分比定理，整齐、对称.

81. 若 $A = 2B$,证明: $a^2 = b(c + b)$.

证明 $C = \pi - A - B = \pi - 3B$,故

$$\sin B(\sin C + \sin B) = \sin B(\sin 3B + \sin B)$$
$$= 2\sin B\sin 2B\cos B = \sin^2 2B = \sin^2 A.$$

两边同乘 $4R^2$ 即得结论.

82. 若 $c(a + b)\cos\dfrac{B}{2} = b(a + c)\cos\dfrac{C}{2}$,证明: $b = c$.

证明 由已知

$$bc\left(\cos\frac{B}{2} - \cos\frac{C}{2}\right) = a\left(b\cos\frac{C}{2} - c\cos\frac{B}{2}\right)$$

$$= 2Ra\left(\sin B\cos\frac{C}{2} - \sin C\cos\frac{B}{2}\right)$$

$$= 4aR\cos\frac{B}{2}\cos\frac{C}{2}\left(\sin\frac{B}{2} - \sin\frac{C}{2}\right).$$

如果 $B > C(B < C)$,那么 $\cos\dfrac{B}{2} - \cos\dfrac{C}{2} < 0 (\cos\dfrac{B}{2} - \cos\dfrac{C}{2}$

$> 0)$,而 $\sin\dfrac{B}{2} - \sin\dfrac{C}{2} > 0 (\sin\dfrac{B}{2} - \sin\dfrac{C}{2} < 0)$,上式两边一正

一负,不可能相等.矛盾表明 $B = C$,即 $b = c$.

本题未作多少恒等变形,只根据单调性就解决了问题,可谓兵不血刃.

83. 若 $(a^2 + b^2)\sin(A - B) = (a^2 - b^2)\sin(A + B)$,证明:三角形是等腰三角形或直角三角形.

证明 由已知

$$a^2(\sin(A + B) - \sin(A - B)) = b^2(\sin(A + B) + \sin(A - B)),$$

所以

$$a^2\sin B\cos A = b^2\sin A\cos B. \tag{9.3}$$

因为 $a\sin B = b\sin A$（正弦定理），所以由式(9.3)得

$$a\cos A = b\cos B, \tag{9.4}$$

即

$$R\sin 2A = R\sin 2B,$$

$$2A = 2B \quad 或 \quad 2A = \pi - 2B.$$

即 $A = B$ 或 $A + B = \dfrac{\pi}{2}$.

84. $a < b < c$ 成等差数列. 证明: $\cos A = \dfrac{4c - 3b}{2c}$.

证明

$$a = 2b - c,$$

$$\cos A = \frac{b^2 + c^2 - a^2}{2bc} = \frac{b^2 + c^2 - (2b - c)^2}{2bc}$$

$$= \frac{4bc - 3b^2}{2bc} = \frac{4c - 3b}{2c}.$$

85. 若 $\cos A + \cos B = 4\sin^2 \dfrac{C}{2}$, 证明: a, b, c 成等差数列.

证明　由已知得 $2\cos \dfrac{A+B}{2} \cos \dfrac{A-B}{2} = 4\sin^2 \dfrac{C}{2}$, 所以

$\cos \dfrac{A-B}{2} = 2\sin \dfrac{C}{2}$. 两边同乘 $2\cos \dfrac{C}{2}$ 得

$$2\sin C = 2\cos \frac{A-B}{2} \sin \frac{A+B}{2} = \sin A + \sin B,$$

即 $2c = a + b$.

86. 若 $(\sin A + \sin B + \sin C)(\sin A + \sin B - \sin C) = 3\sin A\sin B$, 证明: $C = 60°$.

证明　由已知化简得 $\sin^2 A + \sin^2 B + \sin A\sin B = \sin^2 C$, 即

$$a^2 + b^2 + ab = c^2,$$

所以 $\cos C = \dfrac{a^2 + b^2 - c^2}{2ab} = \dfrac{1}{2}, C = 60°.$

87. 若 $(b + c)\sin\theta = 2\sqrt{bc}\cos\dfrac{A}{2}$,证明:$a\sec\theta = b + c$ 或 $-(b + c)$.

证明　因为

$$\cos^2\theta = 1 - \sin^2\theta = 1 - \frac{4bc\cos^2\dfrac{A}{2}}{(b + c)^2} = \frac{(b + c)^2 - 2bc(1 + \cos A)}{(b + c)^2}$$

$$= \frac{b^2 + c^2 - 2bc\cos A}{(b + c)^2} = \frac{a^2}{(b + c)^2},$$

所以 $\cos\theta = \pm\dfrac{a}{b + c}, a\sec\theta = \pm(b + c).$

88. 证明:

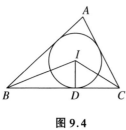

图 9.4

$$r = R(\cos A + \cos B + \cos C - 1)$$

$$= 4R\sin\frac{A}{2}\sin\frac{B}{2}\sin\frac{C}{2}.$$

证明　如图 9.4 所示,设 ⊙I 切 BC 于点 D,则 $BD = r\cot\dfrac{B}{2}, DC = r\cot\dfrac{C}{2}$,所以

$$r\cot\frac{B}{2} + r\cot\frac{C}{2} = a,$$

$$r = \frac{a}{\cot\dfrac{B}{2} + \cot\dfrac{C}{2}} = \frac{2R\sin A}{\dfrac{\cos\dfrac{B}{2}}{\sin\dfrac{B}{2}} + \dfrac{\cos\dfrac{C}{2}}{\sin\dfrac{C}{2}}} = \frac{2R\sin A\sin\dfrac{B}{2}\sin\dfrac{C}{2}}{\sin\dfrac{B + C}{2}}$$

$$= \frac{4R\sin\frac{A}{2}\cos\frac{A}{2}\sin\frac{B}{2}\sin\frac{C}{2}}{\cos\frac{A}{2}} = 4R\sin\frac{A}{2}\sin\frac{B}{2}\sin\frac{C}{2}.$$

又

$$\cos A + \cos B + \cos C - 1 = 2\cos\frac{B+C}{2}\cos\frac{B-C}{2} - 2\sin^2\frac{A}{2}$$

$$= 2\sin\frac{A}{2}\left(\cos\frac{B-C}{2} - \cos\frac{B+C}{2}\right)$$

$$= 4\sin\frac{A}{2}\sin\frac{B}{2}\sin\frac{C}{2}.$$

所以原式成立.

本题的结论应用很多.

89. 若 $\triangle BIC$, $\triangle CIA$, $\triangle AIB$ 的外接圆半径分别为 ρ_1, ρ_2, ρ_3, 证明: $\rho_1\rho_2\rho_3 = 2rR^2$.

证明 $\rho_1 = \dfrac{a}{2\sin\angle BIC} = \dfrac{a}{2\sin\left(90° + \dfrac{A}{2}\right)} = \dfrac{a}{2\cos\dfrac{A}{2}}$

$$= \frac{2R\sin A}{2\cos\dfrac{A}{2}} = 2R\sin\frac{A}{2}.$$

故

$$\rho_1\rho_2\rho_3 = 8R^3\sin\frac{A}{2}\sin\frac{B}{2}\sin\frac{C}{2} = 2rR^2.$$

90. 若 $3R = 4r$, 证明: $4(\cos A + \cos B + \cos C) = 7$.

证明 $r = R(\cos A + \cos B + \cos C - 1)$, 所以

$$4(\cos A + \cos B + \cos C) = \frac{4r}{R} + 4 = 3 + 4 = 7.$$

91. 若等腰三角形顶角为 $120°$, 证明: OI 与底边的比为 $\dfrac{\sqrt{3}-1}{\sqrt{3}}$.

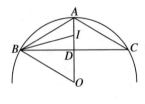

图 9.5

证明 如图 9.5 所示, 底角 $B = \dfrac{1}{2}(180° - 120°) = 30°$.

$$\tan 15° = \frac{1 - \cos 30°}{\sin 30°} = 2 - \sqrt{3}.$$

$$a = 2R\sin 120° = \sqrt{3}R.$$

$$OI = OD + DI = R\cos 60° + \frac{a}{2}\tan 15° = \left(\frac{1}{2} + \frac{\sqrt{3}}{2}(2 - \sqrt{3})\right)R$$

$$= (\sqrt{3} - 1)R.$$

$$\frac{OI}{a} = \frac{\sqrt{3} - 1}{\sqrt{3}}.$$

92. 若 $C = 60°$, 证明: $\dfrac{1}{a+c} + \dfrac{1}{b+c} = \dfrac{3}{a+b+c}$.

证明
$$\frac{1}{a+c} + \frac{1}{b+c} = \frac{3}{a+b+c}$$

$$\Leftrightarrow (a + c + b + c)(a + b + c) = 3(a + c)(b + c)$$

$$\Leftrightarrow (a + b + c)^2 + c(a + b + c)$$
$$= 3(ab + ac + bc + c^2)$$

$$\Leftrightarrow a^2 + b^2 - ab = c^2$$

$$\Leftrightarrow C = 60°.$$

93. 若 $\left(1 - \dfrac{r_1}{r_2}\right)\left(1 - \dfrac{r_1}{r_3}\right) = 2$, 证明: 三角形为直角三角形 ($r_1, r_2, r_3$ 为旁切圆半径).

证明 因为 $\Delta = r_1(s - a) = r_2(s - b) = r_3(s - c)$, 所以

$$\left(1 - \frac{r_1}{r_2}\right)\left(1 - \frac{r_1}{r_3}\right) = \left(1 - \frac{s-b}{s-a}\right)\left(1 - \frac{s-c}{s-a}\right) = \frac{(b-a)(c-a)}{(s-a)^2}.$$

由已知,有

$$(b-a)(c-a) = 2(s-a)^2,$$

即

$$2(b-a)(c-a) = (b+c-a)^2,$$

展开合并得

$$a^2 = b^2 + c^2,$$

所以 $A = 90°$.

94. 若 $\tan \dfrac{A}{2} = \dfrac{5}{6}$, $\tan \dfrac{B}{2} = \dfrac{20}{37}$, 求证: $a + c = 2b$.

证明

$$\tan \frac{C}{2} = \tan \frac{\pi - A - B}{2} = \cot\left(\frac{A}{2} + \frac{B}{2}\right)$$

$$= \frac{1 - \tan \dfrac{A}{2} \tan \dfrac{B}{2}}{\tan \dfrac{A}{2} + \tan \dfrac{B}{2}} = \frac{1 - \dfrac{5}{6} \times \dfrac{20}{37}}{\dfrac{5}{6} + \dfrac{20}{37}}$$

$$= \frac{6 \times 37 - 5 \times 20}{5 \times 37 + 6 \times 20} = \frac{122}{305} = \frac{2}{5},$$

$$s - a = r \div \tan \frac{A}{2} = \frac{6}{5} r,$$

$$s - b = \frac{37}{20} r,$$

$$s - c = \frac{5}{2} r,$$

$$(s-a) + (s-c) = \left(\frac{6}{5} + \frac{5}{2}\right) r = \frac{37}{10} r = 2(s-b),$$

所以 $a + c = 2b$.

本题虽然不难,但弄得不好,会非常烦琐.

95. 边 BC 的中点为 D. 求证:$\cot\angle ADB = \dfrac{AC^2 - AB^2}{4\triangle}$.

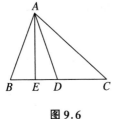

图 9.6

证明　如图 9.6 所示,设 BC 上的高为 AE,则

$$\frac{AC^2 - AB^2}{4\triangle} = \frac{EC^2 - BE^2}{2AE \times BC} = \frac{EC - BE}{2AE}$$

$$= \frac{2ED}{2AE} = \cot\angle ADB.$$

96. 点 P 在边 AB 上,$AP : BP = m : n$,$\angle CPB = \theta$. 求证:

$$(m + n)\cot\theta = n\cot A - m\cot B.$$

证明　如图 9.7 所示,不妨设 $AP = m$,$BP = n$. 由正弦定理

$$\frac{m}{\sin\alpha} = \frac{PC}{\sin A}, \quad \frac{n}{\sin\beta} = \frac{PC}{\sin B},$$

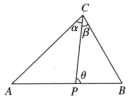

图 9.7

所以

$$\frac{m\sin A}{\sin\alpha} = \frac{n\sin B}{\sin\beta},$$

即

$$\frac{m\sin(B + \theta)}{\sin B} = \frac{n\sin(-A + \theta)}{\sin A},$$

$$m\left(\cos\theta + \frac{\cos B}{\sin B}\sin\theta\right) = n\left(-\cos\theta + \frac{\cos A}{\sin A}\sin\theta\right).$$

两边同除以 $\sin\theta$ 得

$$m(\cot\theta + \cot B) = n(-\cot\theta + \cot A),$$

即

$$(m + n)\cot\theta = n\cot A - m\cot B.$$

97. 若 m，n 为正数，$m \neq 1$，$\dfrac{a}{1 + m^2 n^2} = \dfrac{b}{m^2 + n^2} = \dfrac{c}{(1 - m^2)(1 + n^2)}$. 证明：

$$A = 2\arctan \frac{m}{n}, \quad B = 2\arctan mn, \quad \Delta = \frac{mnbc}{m^2 + n^2}.$$

证明

$\cos A$

$$= \frac{b^2 + c^2 - a^2}{2bc}$$

$$= \frac{(m^2 + n^2)^2 + (1 - m^2)^2(1 + n^2)^2 - (1 + m^2 n^2)^2}{2(m^2 + n^2)(1 - m^2)(1 + n^2)}$$

$$= \frac{(1 - m^2)^2(1 + n^2)^2 - (m^2 - 1)(n^2 - 1)(m^2 + 1)(n^2 + 1)}{2(m^2 + n^2)(1 - m^2)(1 + n^2)}$$

$$= \frac{(1 - m^2)(1 + n^2) - (1 - n^2)(1 + m^2)}{2(m^2 + n^2)}$$

$$= \frac{n^2 - m^2}{m^2 + n^2}.$$

$$\tan^2 \frac{A}{2} = \frac{1 - \cos A}{1 + \cos A} = \frac{(m^2 + n^2) - (n^2 - m^2)}{(m^2 + n^2) + (n^2 - m^2)} = \frac{m^2}{n^2},$$

$$\tan \frac{A}{2} = \frac{m}{n},$$

$$A = 2\arctan \frac{m}{n}.$$

$$\cos B = \frac{a^2 + c^2 - b^2}{2ac}$$

$$= \frac{(1 + m^2 n^2)^2 + (1 - m^2)^2(1 + n^2)^2 - (m^2 + n^2)^2}{2(1 + m^2 n^2)(1 - m^2)(1 + n^2)}$$

$$= \frac{(1 - m^2)^2(1 + n^2)^2 + (m^2 - 1)(n^2 - 1)(1 + m^2)(1 + n^2)}{2(1 + m^2 n^2)(1 - m^2)(1 + n^2)}$$

$$= \frac{(1-m^2)(1+n^2)+(1-n^2)(1+m^2)}{2(1+m^2n^2)}$$

$$= \frac{1-m^2n^2}{1+m^2n^2}.$$

$$\tan^2\frac{B}{2} = m^2n^2, \quad B = 2\arctan mn.$$

$$\Delta = \frac{1}{2}bc\sin A = \frac{1}{2}bc\sqrt{1-\left(\frac{n^2-m^2}{m^2+n^2}\right)^2}$$

$$= \frac{bc}{2(m^2+n^2)}\sqrt{4m^2n^2} = \frac{mnbc}{m^2+n^2}.$$

98. 延长锐角三角形的高与外接圆相交,延长部分的长分别为 p,q,t.求证:

$$\frac{a}{p}+\frac{b}{q}+\frac{c}{t} = 2(\tan A+\tan B+\tan C).$$

证明　如图 9.8 所示,设 AD 为高(D 在 BC 上),则

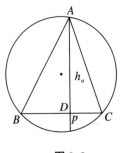

图 9.8

$$p\times h_a = BD\times DC = (c\cos B)\times(b\cos C)$$

$$= bc\cos B\cos C,$$

$$\sum\frac{a}{p} = \sum\frac{ah_a}{ph_a} = \sum\frac{2\Delta}{bc\cos B\cos C}$$

$$= \sum\frac{\sin A}{\cos B\cos C}$$

$$= \frac{1}{\cos A\cos B\cos C}\sum\sin A\cos A$$

$$= \frac{1}{2\cos A\cos B\cos C}\sum\sin 2A$$

$$= 2\tan A\tan B\tan C$$

（利用第 58 题(2)）.

又 $\tan A = -\tan(B+C) = -\dfrac{\tan B + \tan C}{1 - \tan B \tan C}$，所以去分母，整理得

$$\tan A + \tan B + \tan C = \tan A \tan B \tan C.$$

因此结论成立.

99. $\triangle ABC$ 是锐角三角形. AD,BE,CF 是高. 由垂足 D, E,F 组成的垂足三角形,它的内切圆半径为 ρ. 求证:

$$\rho = R(1 - \cos^2 A - \cos^2 B - \cos^2 C).$$

证明 如图 9.9 所示, $\triangle AEF \backsim$

$\triangle ABC$, 相似比为 $\dfrac{AE}{AB} = \cos A$.

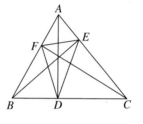

因此 $EF = a\cos A, S_{\triangle AEF} = \triangle \cos^2 A$,

于是

$$S_{\triangle DEF} = \triangle(1 - \cos^2 A - \cos^2 B - \cos^2 C).$$

$$\begin{aligned} DE + EF + FD &= \sum a\cos A \\ &= R\sum 2\sin A\cos A \\ &= R\sum \sin 2A \\ &= 4R\sin A\sin B\sin C. \end{aligned}$$

图 9.9

$$\rho = \frac{2S_{\triangle DEF}}{DE + EF + FD} = \frac{2\triangle(1 - \cos^2 A - \cos^2 B - \cos^2 C)}{4R\sin A\sin B\sin C}$$

$$= R(1 - \cos^2 A - \cos^2 B - \cos^2 C).$$

100.* BC 边上的旁切圆分别切 BC、AC 的延长线、AB 的延长线于点 D_1,E_1,F_1. $\triangle D_1 E_1 F_1$ 的内切圆半径为 r_a. 同样定义 r_b,r_c. 证明:

$$\frac{1}{r_a} : \frac{1}{r_b} : \frac{1}{r_c} = \left(1 - \tan\frac{A}{4}\right) : \left(1 - \tan\frac{B}{4}\right) : \left(1 - \tan\frac{C}{4}\right).$$

证明　如图 9.10 所示，$\triangle D_1 E_1 F_1$ 的外接圆即 $\odot I_1$.

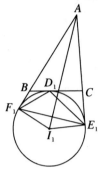

图 9.10

$$\angle E_1 F_1 D_1 = \angle CE_1 D_1 = \angle E_1 D_1 C$$

$$= \frac{1}{2} \angle ACB.$$

$$\angle D_1 E_1 F_1 = \frac{1}{2} \angle ABC.$$

由第 88 题，有

$$r_a = 4r_1 \sin \frac{B}{4} \sin \frac{C}{4} \sin \frac{\pi - \dfrac{B}{2} - \dfrac{C}{2}}{2}$$

$$= 4r_1 \sin \frac{B}{4} \sin \frac{C}{4} \cos \frac{B+C}{4},$$

又

$$r_1 = AF_1 \tan \frac{A}{2} = s \tan \frac{A}{2},$$

所以

$$r_a \left(1 - \tan \frac{A}{4} \right)$$

$$= 4s \tan \frac{A}{2} \sin \frac{B}{4} \sin \frac{C}{4} \cos \frac{\pi - A}{4} \left(1 - \tan \frac{A}{4} \right)$$

$$= 4s \cdot \sin \frac{A}{2} \sin \frac{B}{4} \sin \frac{C}{4} \cos \frac{\pi - A}{4} \left(\cos \frac{A}{4} - \sin \frac{A}{4} \right) \div$$

$$\left(\cos \frac{A}{2} \cos \frac{A}{4} \right)$$

$$= 8s \sin \frac{A}{4} \sin \frac{B}{4} \sin \frac{C}{4} \left(\frac{\sqrt{2}}{2} \cos \frac{A}{4} + \frac{\sqrt{2}}{2} \sin \frac{A}{4} \right) \left(\cos \frac{A}{4} - \sin \frac{A}{4} \right) \div$$

$$\cos \frac{A}{2}$$

$$= 4\sqrt{2} s \sin \frac{A}{4} \sin \frac{B}{4} \sin \frac{C}{4} \left(\cos^2 \frac{A}{4} - \sin^2 \frac{A}{4} \right) \div \cos \frac{A}{2}$$

$$= 4\sqrt{2}\,s\sin\frac{A}{4}\sin\frac{B}{4}\sin\frac{C}{4}.$$

同理

$$r_b\left(1 - \tan\frac{B}{4}\right) = r_c\left(1 - \tan\frac{C}{4}\right) = 4\sqrt{2}\,s\sin\frac{A}{4}\sin\frac{B}{4}\sin\frac{C}{4}.$$

从而

$$\frac{1}{r_a} : \frac{1}{r_b} : \frac{1}{r_c} = \left(1 - \tan\frac{A}{4}\right) : \left(1 - \tan\frac{B}{4}\right) : \left(1 - \tan\frac{C}{4}\right).$$

本题较难,其中第 88 题关于 r 的公式起着主要作用.

101. 若 $\tan\phi = \dfrac{a - b}{a + b}\cot\dfrac{C}{2}$,求证:$c = (a + b) \cdot \dfrac{\sin\dfrac{C}{2}}{\cos\phi}.$

证明 $(a + b) \cdot \dfrac{\sin\dfrac{C}{2}}{\cos\phi}$

$$= (a + b)\sin\frac{C}{2}\sqrt{1 + \tan^2\phi}$$

$$= (a + b)\sin\frac{C}{2}\sqrt{1 + \left(\frac{a - b}{a + b}\right)^2\cot^2\frac{C}{2}}$$

$$= \sqrt{(a + b)^2\sin^2\frac{C}{2} + (a - b)^2\cos^2\frac{C}{2}}$$

$$= \sqrt{(a + b)^2\frac{1 - \cos C}{2} + (a - b)^2\frac{1 + \cos C}{2}}$$

$$= \sqrt{a^2 + b^2 - 2ab\cos C} = c.$$

102. 若 $\cos\dfrac{A}{2} = \dfrac{1}{2}\sqrt{\dfrac{b}{c} + \dfrac{c}{b}}$,证明:以某条边为对角线的正方形,面积等于其他两边的积.

证明 由已知 $\dfrac{b^2 + c^2}{bc} = 4\cos^2\dfrac{A}{2} = 2(1 + \cos A)$,即

$$2bc = b^2 + c^2 - 2bc\cos A = a^2,$$

所以以 a 为对角线的正方形，面积 $\dfrac{1}{2}a^2 = bc$.

103. 若 $2(2R)^2 = a^2 + b^2 + c^2$，证明：$\sin^2 A + \sin^2 B + \sin^2 C = 2$，并且三角形是直角三角形.

证明　由已知 $2(2R)^2 = (2R)^2\sin^2 A + (2R)^2\sin^2 B + (2R)^2\sin^2 C$，所以约去 $(2R)^2$ 得

$$\sin^2 A + \sin^2 B + \sin^2 C = 2.$$

上式即

$$1 - \cos 2A + 1 - \cos 2B = 2 + 2\cos^2 C,$$

$$\begin{aligned}
0 &= \cos 2A + \cos 2B + 2\cos^2 C \\
&= 2\cos(A + B)\cos(A - B) + 2\cos^2 C \\
&= 2\cos C(\cos C - \cos(A - B)) \\
&= -4\cos A\cos B\cos C,
\end{aligned}$$

所以 $\cos A, \cos B, \cos C$ 中有一个为 0，即 A, B, C 中有一个为直角.

104. 若 $B = 45°$. 求证：$(1 + \cot A)(1 + \cot C) = 2$.

证明
$$\begin{aligned}
(1 + \cot A)(1 + \cot C) &= 2 \\
\Leftrightarrow\quad 1 - \cot A\cot C &= \cot A + \cot C \\
\Leftrightarrow\quad 1 = \frac{\cot A + \cot C}{1 - \cot A\cot C} &= \frac{\tan A + \tan C}{\tan A\tan C - 1} \\
&= -\tan(A + C).
\end{aligned}$$

最后一式显然成立，因为 $-\tan(A + C) = -\tan 135° = 1$.

105. 若 $\cos\theta(\sin B + \sin C) = \sin A$，求证：

$$\tan^2\frac{\theta}{2} = \tan\frac{B}{2}\tan\frac{C}{2}.$$

证明　因为

$$\tan^2 \frac{\theta}{2} = \frac{1 - \cos \theta}{1 + \cos \theta},$$

$$\cos \theta = \frac{\sin A}{\sin B + \sin C} = \frac{\sin \dfrac{A}{2} \cos \dfrac{A}{2}}{\sin \dfrac{B+C}{2} \cos \dfrac{B-C}{2}} = \frac{\cos \dfrac{B+C}{2}}{\cos \dfrac{B-C}{2}},$$

所以

$$\tan^2 \frac{\theta}{2} = \frac{\cos \dfrac{B-C}{2} - \cos \dfrac{B+C}{2}}{\cos \dfrac{B-C}{2} + \cos \dfrac{B+C}{2}} = \frac{\sin \dfrac{B}{2} \sin \dfrac{C}{2}}{\cos \dfrac{B}{2} \cos \dfrac{C}{2}} = \tan \frac{B}{2} \tan \frac{C}{2}.$$

106. 若三边成等差数列，θ, ϕ 分别为三角形的最大角与最小角，求证：$4(1 - \cos \theta)(1 - \cos \phi) = \cos \theta + \cos \phi$.

证明　因为三边成等差数列，所以 $\sin \theta, \sin(\pi - \theta - \phi) = \sin(\theta + \phi), \sin \phi$ 也成等差数列，$\sin \theta + \sin \phi = 2\sin(\theta + \phi)$，所以

$$\cos \frac{\theta - \phi}{2} = 2\cos \frac{\theta + \phi}{2},$$

$$4(1 - \cos \theta)(1 - \cos \phi) - (\cos \theta + \cos \phi)$$

$$= 4(1 + \cos \theta \cos \phi) - 5(\cos \theta + \cos \phi)$$

$$= 4 + 2\cos(\theta - \phi) + 2\cos(\theta + \phi) - 10\cos \frac{\theta + \phi}{2} \cos \frac{\theta - \phi}{2}$$

$$= 4\cos^2 \frac{\theta - \phi}{2} + 4\cos^2 \frac{\theta + \phi}{2} - 10\cos \frac{\theta + \phi}{2} \cos \frac{\theta - \phi}{2}$$

$$= (8 + 2 - 10)\cos \frac{\theta + \phi}{2} \cos \frac{\theta - \phi}{2} = 0.$$

107. 已知 A, b, a. 如果这时有两个三角形满足要求，并且一个三角形有一个角是另一个三角形的对应角的两倍. 求证：

$$a\sqrt{3}=2b\sin A \quad 或 \quad 4b^3\sin^2 A = a^2(a+3b).$$

证明　如图 9.11、图 9.12 所示,作角 A,并在一条边上取点 C,使 $AC=b$.然后以 C 为圆心,a 为半径画圆.因为 C 到另一边的距离为 $b\sin A$,所以可能有三种情况:$a>b\sin A$,$a=b\sin A$,$a<b\sin A$.相应地,圆与另一边相交(有两个公共点),相切(有一个唯一的公共点),相离(没有公共点).现在是第一种情况,有 B,B' 两个公共点,形成两个三角形 ABC、$AB'C$.其中 $CB=CB'=a$.

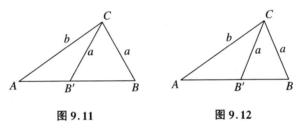

图 9.11　　　　　　　　图 9.12

(1) $\angle CB'A = 2\angle CBA$.

这时 $\angle CBA = \angle BB'C = 180° - \angle CB'A = 180° - 2\angle CBA$,所以 $\angle CBA = 60°$.

在 $\triangle ABC$ 中,$\dfrac{a}{\sin A} = \dfrac{b}{\sin 60°}$,所以 $a\sqrt{3} = 2b\sin A$.

(2) $\angle ACB = 2\angle ACB'$.

这时 $\angle ACB' = \angle B'CB = \angle BB'C - A$,所以

$$2\angle BB'C + (\angle BB'C - A) = 2\angle BB'C + \angle B'CB = 180°,$$

$$3\angle BB'C = 180° + A.$$

在 $\triangle ABC$ 中,$\dfrac{b}{\sin B} = \dfrac{a}{\sin A} = \dfrac{a}{\sin(3B-180°)} = -\dfrac{a}{\sin 3B},$

所以

$$a = -\frac{b\sin 3B}{\sin B} = b(4\sin^2 B - 3),$$

$$a + 3b = 4b\sin^2 B,$$

$$a^2(a + 3b) = 4a^2 b\sin^2 B = 4b^3\sin^2 A.$$

108. 若 $\dfrac{\cos\theta}{a} = \dfrac{\sin\theta}{b}$,求证:$a\cos 2\theta + b\sin 2\theta = a$.

证明 设 $a = k\cos\theta$,则 $b = k\sin\theta$,故

$$a\cos 2\theta + b\sin 2\theta = k(\cos\theta\cos 2\theta + \sin\theta\sin 2\theta)$$
$$= k\cos(2\theta - \theta) = a.$$

109. 若 $A + B + C = \dfrac{\pi}{2}$ 且 $\cos A + \cos C = 2\cos B$,求证:

$$1 + \tan\frac{A}{2}\tan\frac{C}{2} = 2\left(\tan\frac{A}{2} + \tan\frac{C}{2}\right) \tag{9.5}$$

或 $A + C$ 为 π 的奇数倍.

证明 因为

$$\cos A + \cos C = 2\cos\frac{A+C}{2}\cos\frac{A-C}{2},$$

$$2\cos B = 2\cos\left(\frac{\pi}{2} - (A+C)\right) = 2\sin(A+C)$$

$$= 4\cos\frac{A+C}{2}\sin\frac{A+C}{2},$$

因此 $\cos\dfrac{A+C}{2} = 0$ 或

$$\cos\frac{A-C}{2} = 2\sin\frac{A+C}{2}. \tag{9.6}$$

$\cos\dfrac{A+C}{2} = 0$ 即 $A + C$ 为 π 的奇数倍.由式(9.6)得

$$\frac{1 + \tan\dfrac{A}{2}\tan\dfrac{C}{2}}{\tan\dfrac{A}{2} + \tan\dfrac{C}{2}} = \frac{\cos\dfrac{A}{2}\cos\dfrac{C}{2} + \sin\dfrac{A}{2}\sin\dfrac{C}{2}}{\sin\dfrac{A}{2}\cos\dfrac{C}{2} + \cos\dfrac{A}{2}\sin\dfrac{C}{2}} = \frac{\cos\dfrac{A-C}{2}}{\sin\dfrac{A+C}{2}} = 2,$$

即式(9.5)成立.

110. 若 $\tan\theta=\dfrac{x\sin\phi}{1-x\cos\phi}$，$\tan\phi=\dfrac{y\sin\theta}{1-y\cos\theta}$，求证：$\dfrac{\sin\theta}{\sin\phi}$

$=\dfrac{x}{y}$.

证明　由已知得

$$x=\frac{\tan\theta}{\sin\phi+\cos\phi\tan\theta},\quad y=\frac{\tan\phi}{\sin\theta+\cos\theta\tan\phi},$$

$$\frac{x}{y}=\frac{\tan\theta}{\sin\phi+\cos\phi\tan\theta}\cdot\frac{\sin\theta+\cos\theta\tan\phi}{\tan\phi}$$

$$=\frac{\sin\theta(\tan\theta+\tan\phi)}{\sin\phi(\tan\phi+\tan\theta)}=\frac{\sin\theta}{\sin\phi}.$$

111. 若 $\tan\dfrac{\beta}{2}=4\tan\dfrac{\alpha}{2}$，求证：$\tan\dfrac{\beta-\alpha}{2}=\dfrac{3\sin\alpha}{5-3\cos\alpha}$.

证明　$\tan\dfrac{\beta-\alpha}{2}=\dfrac{\tan\dfrac{\beta}{2}-\tan\dfrac{\alpha}{2}}{1+\tan\dfrac{\beta}{2}\tan\dfrac{\alpha}{2}}$

$$=\frac{3\tan\dfrac{\alpha}{2}}{1+4\tan^2\dfrac{\alpha}{2}}=\frac{3\sin\alpha}{2\left(\cos^2\dfrac{\alpha}{2}+4\sin^2\dfrac{\alpha}{2}\right)}$$

$$=\frac{3\sin\alpha}{1+\cos\alpha+4(1-\cos\alpha)}=\frac{3\sin\alpha}{5-3\cos\alpha}.$$

本题先去掉 $\dfrac{\beta}{2}$，再将 $\dfrac{\alpha}{2}$ 的函数化为 α 的函数，逐步向目标

逼近,好整以暇,并然有序.

112. 若 $a\sin(\theta+\alpha)=b\sin(\theta+\beta)$，求证：$\cot\theta=$

$\dfrac{a\cos\alpha-b\cos\beta}{b\sin\beta-a\sin\alpha}$.

证明 由已知得

$$a(\sin\theta\cos\alpha + \cos\theta\sin\alpha) = b(\sin\theta\cos\beta + \cos\theta\sin\beta),$$

所以

$$\sin\theta(a\cos\alpha - b\cos\beta) = \cos\theta(b\sin\beta - a\sin\alpha),$$

即结论成立.

113. 若 $\tan^2\theta = 2\tan^2\phi + 1$，求证：$\cos 2\theta + \sin^2\phi = 0$.

证明 由已知得 $\sec^2\theta = 2\sec^2\phi$，所以 $2\cos^2\theta = \cos^2\phi$，$\cos 2\theta = \cos^2\phi - 1 = -\sin^2\phi$，即结论成立.

114. 若 $\dfrac{\sin(\theta+\alpha)}{\cos(\theta-\alpha)} = \dfrac{1-m}{1+m}$，求证：

$$\tan\left(\frac{\pi}{4} - \theta\right) = m\cot\left(\frac{\pi}{4} - \alpha\right).$$

证明

$$\tan\left(\frac{\pi}{4} - \theta\right) = m\cot\left(\frac{\pi}{4} - \alpha\right)$$

$$\Leftrightarrow \frac{\tan\left(\dfrac{\pi}{4} - \theta\right)}{\cot\left(\dfrac{\pi}{4} - \alpha\right)} = m$$

$$\Leftrightarrow \frac{\sin\left(\dfrac{\pi}{4} - \theta\right)\sin\left(\dfrac{\pi}{4} - \alpha\right)}{\cos\left(\dfrac{\pi}{4} - \theta\right)\cos\left(\dfrac{\pi}{4} - \alpha\right)} = m$$

$$\Leftrightarrow \frac{\cos\left(\dfrac{\pi}{4} - \theta\right)\cos\left(\dfrac{\pi}{4} - \alpha\right) - \sin\left(\dfrac{\pi}{4} - \theta\right)\sin\left(\dfrac{\pi}{4} - \alpha\right)}{\cos\left(\dfrac{\pi}{4} - \theta\right)\cos\left(\dfrac{\pi}{4} - \alpha\right) + \sin\left(\dfrac{\pi}{4} - \theta\right)\sin\left(\dfrac{\pi}{4} - \alpha\right)} = \frac{1-m}{1+m}$$

$$\Leftrightarrow \frac{\cos\left(\dfrac{\pi}{2} - \theta - \alpha\right)}{\cos(\theta-\alpha)} = \frac{1-m}{1+m}$$

$$\Leftrightarrow \frac{\sin(\theta + \alpha)}{\cos(\theta - \alpha)} = \frac{1 - m}{1 + m}.$$

本例从要证的结论逆溯而上比较容易. 这一点与第 71 题类似.

115. 若 $\sin(\alpha - \theta) = \cos(\alpha + \theta)$, 求证: $\theta = m\pi - \dfrac{\pi}{4}$ 或 $\alpha = m\pi + \dfrac{\pi}{4}$($m$ 为整数).

证明 由已知得 $\sin(\alpha - \theta) = \sin\left(\dfrac{\pi}{2} - \alpha - \theta\right)$, 所以

$$\alpha - \theta = 2m\pi + \frac{\pi}{2} - \alpha - \theta \text{ 或}(-2m + 1)\pi - \left(\frac{\pi}{2} - \alpha - \theta\right),$$

$$\alpha = m\pi + \frac{\pi}{4} \text{ 或 } \theta = m\pi - \frac{\pi}{4} \quad (m \text{ 为整数}).$$

116. 若 $\tan(A + B) = 3\tan A$, 求证: $\sin(2A + 2B) + \sin 2A = 2\sin 2B$.

证明 由已知得 $\sin(A + B)\cos A = 3\sin A\cos(A + B)$, 即

$$\sin(2A + B) + \sin B = 3(\sin(2A + B) - \sin B),$$

所以

$$\sin(2A + B) = 2\sin B,$$

两边同乘 $2\cos B$ 得

$$2\sin 2B = 2\cos B\sin(2A + B) = \sin(2A + 2B) + \sin 2A.$$

117. 若 $\sin 2\beta = \dfrac{\sin 2\alpha + \sin 2\gamma}{1 + \sin 2\alpha\sin 2\gamma}$, 求证: $\tan\left(\dfrac{\pi}{4} + \beta\right) = \pm\tan\left(\dfrac{\pi}{4} + \alpha\right)\tan\left(\dfrac{\pi}{4} + \gamma\right)$.

证明 $\tan^2\left(\dfrac{\pi}{4} + \beta\right) = \dfrac{\sin^2\left(\dfrac{\pi}{4} + \beta\right)}{\cos^2\left(\dfrac{\pi}{4} + \beta\right)} = \dfrac{1 - \cos\left(\dfrac{\pi}{2} + 2\beta\right)}{1 + \cos\left(\dfrac{\pi}{2} + 2\beta\right)}$

$$= \frac{1 + \sin 2\beta}{1 - \sin 2\beta}$$

$$= \frac{1 + \sin 2\alpha \sin 2\gamma + \sin 2\alpha + \sin 2\gamma}{1 + \sin 2\alpha \sin 2\gamma - \sin 2\alpha - \sin 2\gamma}$$

$$= \frac{(1 + \sin 2\alpha)(1 + \sin 2\gamma)}{(1 - \sin 2\alpha)(1 - \sin 2\gamma)}$$

$$= \frac{1 + \sin 2\alpha}{1 - \sin 2\alpha} \cdot \frac{1 + \sin 2\gamma}{1 - \sin 2\gamma}$$

$$= \tan^2\left(\frac{\pi}{4} + \alpha\right)\tan^2\left(\frac{\pi}{4} + \gamma\right).$$

两边开平方即得结论.

118. 若 $\cos^2\beta\tan(\alpha + \theta) = \sin^2\beta\cot(\alpha - \theta)$,求证:$\tan^2\theta = \tan(\alpha + \beta)\tan(\alpha - \beta)$.

证明 由已知得 $\dfrac{\sin^2\beta}{\cos^2\beta} = \tan(\alpha + \theta)\tan(\alpha - \theta)$,而

$$\tan(\alpha + \theta)\tan(\alpha - \theta) = \frac{\sin(\alpha + \theta)\sin(\alpha - \theta)}{\cos(\alpha + \theta)\cos(\alpha - \theta)}$$

$$= \frac{\cos 2\theta - \cos 2\alpha}{\cos 2\theta + \cos 2\alpha}, \qquad (9.7)$$

所以

$$\frac{\cos 2\theta - \cos 2\alpha}{\cos 2\theta + \cos 2\alpha} = \frac{\sin^2\beta}{\cos^2\beta}.$$

由合分比定理,有

$$\frac{\cos 2\theta}{\cos 2\alpha} = \frac{1}{\cos^2\beta - \sin^2\beta} = \frac{1}{\cos 2\beta},$$

所以

$$\frac{\cos 2\alpha}{\cos 2\beta} = \cos 2\theta = 2\cos^2\theta - 1, \quad \cos^2\theta = \frac{\cos 2\alpha + \cos 2\beta}{2\cos 2\beta},$$

$$\tan^2 \theta = \frac{1}{\cos^2 \theta} - 1 = \frac{\cos 2\beta - \cos 2\alpha}{\cos 2\alpha + \cos 2\beta} = \tan(\alpha + \beta)\tan(\alpha - \beta).$$

最后一步利用式(9.7)(将 θ, α 换作 β, α).

119. 求 α, β, γ 之间的关系,使得

$$\cot \alpha \cot \beta \cos \gamma - \cot \alpha - \cot \beta - \cot \gamma = 0.$$

解 令 $x = \frac{\pi}{2} - \alpha, y = \frac{\pi}{2} - \beta, z = \frac{\pi}{2} - \gamma$. 上式即

$$\tan x \tan y \tan z = \tan x + \tan y + \tan z,$$

$$\tan z = -\frac{\tan x + \tan y}{1 - \tan x \tan y} = -\tan(x + y) = \tan(-(x + y)),$$

所以 $x + y + z = n\pi, \alpha + \beta + \gamma = (2n + 1)\frac{\pi}{2}$ (n 为整数).

120. 若 A, B, C 三个角的余弦的和为零,求证:它们余弦的积是 $3A, 3B, 3C$ 的余弦的和的 $\frac{1}{12}$.

证明 $\cos 3A = 4\cos^3 A - 3\cos A$,所以

$$\sum \cos 3A = 4 \sum \cos^3 A - 3 \sum \cos A = 4 \sum \cos^3 A$$

$$= 12\cos A \cos B \cos C$$

$$(\text{在 } a + b + c = 0 \text{ 时}, a^3 + b^3 + c^3 = 3abc).$$

121. 若 $\tan B = \frac{n \sin A \cos B}{1 - n \sin^2 A}$,求证:

$$\tan(A - B) = (1 - n)\tan A.$$

证明 由已知得 $\tan B = \frac{n \tan A}{1 + \tan^2 A - n \tan^2 A}$,所以去分母得

$$\tan B + (1 - n)\tan B\tan^2 A = n\tan A. \tag{9.8}$$

$$\tan(A - B) = (1 - n)\tan A$$

$$\Leftrightarrow \quad \frac{\tan A - \tan B}{1 + \tan A\tan B} = (1 - n)\tan A.$$

$$\Leftrightarrow \quad \tan A - \tan B = (1 - n)\tan A + (1 - n)\tan^2 A\tan B$$

$$\Leftrightarrow \quad 式(9.8).$$

本题没有将切化为弦,反而将弦化为切.这是因为本题有很多的正切函数,将弦化为切更为方便.所以解题方法应根据问题的特点而定,不可胶柱鼓瑟.

122. 若 α, β, γ 都是锐角,$\cot \alpha = (x^3 + x^2 + x)^{\frac{1}{2}}$,$\cot \beta = (x + x^{-1} + 1)^{\frac{1}{2}}$,$\tan \gamma = (x^{-3} + x^{-2} + x^{-1})^{\frac{1}{2}}$,求证:$\alpha + \beta = \gamma$.

证明　$x^2 + x + 1 > 0$,$x^3 + x^2 + x = x(x^2 + x + 1) > 0$,所以 $x > 0$.

$$\begin{aligned}
\tan(\alpha + \beta) &= \frac{\tan \alpha + \tan \beta}{1 - \tan \alpha\tan \beta} = \frac{\cot \beta + \cot \alpha}{\cot \alpha\cot \beta - 1} \\
&= \frac{(x^3 + x^2 + x)^{\frac{1}{2}} + (x + x^{-1} + 1)^{\frac{1}{2}}}{(x^3 + x^2 + x)^{\frac{1}{2}}(x + x^{-1} + 1)^{\frac{1}{2}} - 1} \\
&= \frac{(x^2 + x + 1)^{\frac{1}{2}}(x^{\frac{1}{2}} + x^{-\frac{1}{2}})}{(x^2 + x + 1) - 1} \\
&= \frac{(x^2 + x + 1)^{\frac{1}{2}} x^{-\frac{1}{2}}(x + 1)}{x(x + 1)} \\
&= \left(\frac{x^2 + x + 1}{x^3}\right)^{\frac{1}{2}} = \tan \gamma.
\end{aligned}$$

因为 α, β 是锐角,所以 $0 < \alpha + \beta < \pi$.因为 γ 是锐角,所以 $\tan(\alpha + \beta) = \tan \gamma > 0$,从而 $\alpha + \beta$ 也是锐角,而且 $\alpha + \beta = \gamma$.

123. 若 $\dfrac{x}{y} = \dfrac{\cos A}{\cos B}$，求证：

$$x\tan A + y\tan B = (x + y)\tan \dfrac{A + B}{2}.$$

证明　令 $x = k\cos A$，$y = k\cos B$，则 $k = \dfrac{x + y}{\cos A + \cos B}$，所以

$$x\tan A + y\tan B = k\sin A + k\sin B$$

$$= (x + y) \cdot \dfrac{\sin A + \sin B}{\cos A + \cos B}$$

$$= (x + y) \cdot \dfrac{\sin \dfrac{A + B}{2}}{\cos \dfrac{A + B}{2}}$$

$$= (x + y)\tan \dfrac{A + B}{2}.$$

124. 若 $\cos \theta = \cos \alpha \cos \beta$，求证：

$$\tan \dfrac{\theta + \alpha}{2}\tan \dfrac{\theta - \alpha}{2} = \tan^2 \dfrac{\beta}{2}.$$

证明　$\tan \dfrac{\theta + \alpha}{2}\tan \dfrac{\theta - \alpha}{2} = \dfrac{2\sin \dfrac{\theta + \alpha}{2}\sin \dfrac{\theta - \alpha}{2}}{2\cos \dfrac{\theta + \alpha}{2}\cos \dfrac{\theta - \alpha}{2}}$

$$= \dfrac{\cos \alpha - \cos \theta}{\cos \alpha + \cos \theta} = \dfrac{\cos \alpha (1 - \cos \beta)}{\cos \alpha (1 + \cos \beta)}$$

$$= \dfrac{1 - \cos \beta}{1 + \cos \beta} = \dfrac{2\sin^2 \dfrac{\beta}{2}}{2\cos^2 \dfrac{\beta}{2}} = \tan^2 \dfrac{\beta}{2}.$$

125. 若 A，B 为锐角，并且 $3\sin^2 A + 2\sin^2 B = 1$，$3\sin 2A - 2\sin 2B = 0$，求证：$A + 2B = 90°$.

证明　由已知得 $3\sin^2 A = 1 - 2\sin^2 B = \cos 2B$，$3\sin 2A =$

$2\sin 2B$. 前一式除以后一式得

$$\tan A = \cot 2B = \tan(90° - 2B). \tag{9.9}$$

因为 $90°>90°-2B>90°-2\times 90°=-90°$，所以由式(9.9) 得 $A = 90° - 2B$.

126. 若 $u_n = \sin^n\theta + \cos^n\theta$ $(n = 1,2,\cdots)$，求证：$\dfrac{u_3 - u_5}{u_1}$

$= \dfrac{u_5 - u_7}{u_3}$.

证明　$u_5 - u_7 = \sin^5\theta + \cos^5\theta - \sin^7\theta - \cos^7\theta$

$$= \sin^5\theta(1 - \sin^2\theta) + \cos^5\theta(1 - \cos^2\theta)$$

$$= \sin^5\theta\cos^2\theta + \cos^5\theta\sin^2\theta$$

$$= u_3\sin^2\theta\cos^2\theta.$$

同理 $u_3 - u_5 = u_1\sin^2\theta\cos^2\theta$.

所以 $\dfrac{u_3 - u_5}{u_1} = \dfrac{u_5 - u_7}{u_3} = \sin^2\theta\cos^2\theta$.

127. 若 $\sin B : \sin(2A + B) = n : m$，求证：$\cot(A + B) = \dfrac{m - n}{m + n}\cot A$.

证明

$$\frac{\cot(A + B)}{\cot A} = \frac{m - n}{m + n}$$

$$\Longleftrightarrow \frac{\cot A - \cot(A + B)}{\cot A + \cot(A + B)} = \frac{n}{m}$$

$$\Longleftrightarrow \frac{\cos A\sin(A + B) - \sin A\cos(A + B)}{\cos A\sin(A + B) + \sin A\cos(A + B)} = \frac{n}{m}$$

$$\Longleftrightarrow \frac{\sin B}{\sin(2A + B)} = \frac{n}{m}.$$

128. 已知 α , β . 由方程

$$\cos x - \sin \alpha \cot \beta \sin x = \cos \alpha$$

定出 $\tan \dfrac{x}{2}$ 的值.

解　令 $v = \tan \dfrac{x}{2}$. 由已知得

$$2\cos^2 \frac{x}{2} - 1 - \sin \alpha \cot \beta \cdot 2\sin \frac{x}{2}\cos \frac{x}{2} = \cos \alpha ,$$

两边同除以 $\cos^2 \dfrac{x}{2}$ 得

$$2 - 2\sin \alpha \cot \beta \cdot v = (1 + \cos \alpha)(1 + v^2),$$

$$v^2 + \frac{2\sin \alpha \cot \beta}{1 + \cos \alpha}v - \frac{1 - \cos \alpha}{1 + \cos \alpha} = 0,$$

即

$$v^2 + 2\tan \frac{\alpha}{2}\cot \beta \cdot v - \tan^2 \frac{\alpha}{2} = 0,$$

$$\left(v + \tan \frac{\alpha}{2}\cot \beta\right)^2 = \tan^2 \frac{\alpha}{2} + \tan^2 \frac{\alpha}{2}\cot^2 \beta = \frac{\tan^2 \dfrac{\alpha}{2}}{\sin^2 \beta},$$

$$v = \tan \frac{\alpha}{2}\cot \beta \pm \frac{\tan \dfrac{\alpha}{2}}{\sin \beta} = \frac{\tan \dfrac{\alpha}{2}}{\sin \beta}(\cos \beta \pm 1)$$

$$= \tan \frac{\alpha}{2}\cot \frac{\beta}{2} \text{ 或} - \tan \frac{\alpha}{2}\tan \frac{\beta}{2}.$$

129. 若 A, B, C 为锐角,并且 $\cos A = \tan B$, $\cos B = \tan C$, $\cos C = \tan A$,求证: $\sin A = \sin B = \sin C = 2\sin 18°$.

证明　因为

$$\tan^2 A = \cos^2 C = \frac{1}{1 + \tan^2 C} = \frac{1}{1 + \cos^2 B} \quad (\text{由后二式消去 } C),$$

所以

$$(1 + \cos^2 B)\sin^2 A = \cos^2 A.$$

再用 $\cos A = \tan B$ 代入(消去 A)得

$$(1 + \cos^2 B)(1 - \tan^2 B) = \tan^2 B,$$

整理得

$$\cos^2 B = \tan^2 B,$$

从而

$$1 - \sin^2 B = \sin B,$$

$$\sin B = \frac{\sqrt{5}-1}{2} = 2\sin 18°,$$

同理 $\sin A = \sin C = 2\sin 18°$.

130. 四边形 $ABCD$ 的边长为 a, b, c, d, 与边 $AD(=a)$ 及 BA, CD 延长线都相切的圆, 半径为 r_a, 类似地定义 r_b, r_c, r_d.

求证:$\dfrac{a}{r_a} + \dfrac{c}{r_c} = \dfrac{b}{r_b} + \dfrac{d}{r_d}$.

证明 如图 9.13 所示, 设与 AD 相切的圆切 AD 于点 P, 四边形 $ABCD$ 的内角为 A, B, C, D, 则

$a = AP + PD$

$\quad = r_a \cot \dfrac{\pi - A}{2} + r_a \cot \dfrac{\pi - D}{2}$

$\quad = r_a \left(\tan \dfrac{A}{2} + \tan \dfrac{D}{2} \right).$

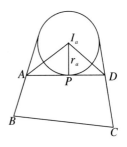

图 9.13

同理可得关于 b, c, d 的等式. 故

$$\frac{a}{r_a} + \frac{c}{r_c} = \sum \tan \frac{A}{2} = \frac{b}{r_b} + \frac{d}{r_d}.$$

131. A,B,C 在一条直线上,并且 $AB = BC$. P 在这条直线外,P 对 AB,BC 的张角分别为 $\alpha,\beta,\angle PBC$ 的正切为 T. 求证:

$$\frac{2}{T} = \frac{1}{\tan \alpha} - \frac{1}{\tan \beta}.$$

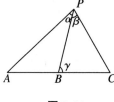

图 9.14

证明 如图 9.14 所示,由正弦定理

$$\frac{\sin \alpha}{\sin(\gamma - \alpha)} = \frac{AB}{PB} = \frac{BC}{PB}$$

$$= \frac{\sin \beta}{\sin(\beta + \gamma)},$$

所以

$$0 = \sin \alpha \sin(\beta + \gamma) - \sin \beta \sin(\gamma - \alpha)$$

$$= \sin \alpha(\sin \beta \cos \gamma + \cos \beta \sin \gamma) -$$

$$\sin \beta(\sin \gamma \cos \alpha - \cos \gamma \sin \alpha)$$

$$= (\sin \alpha \cos \beta - \sin \beta \cos \alpha)\sin \gamma + 2\cos \gamma \sin \alpha \sin \beta,$$

$$\frac{2}{T} = \frac{2\cos \gamma}{\sin \gamma} = \frac{\sin \beta \cos \alpha - \sin \alpha \cos \beta}{\sin \alpha \sin \beta} = \frac{\cos \alpha}{\sin \alpha} - \frac{\cos \beta}{\sin \beta}$$

$$= \frac{1}{\tan \alpha} - \frac{1}{\tan \beta}.$$

132. 已知 θ 的方程 $a\tan \theta + b\sec \theta = 1$ 在区间 $\left(0,\frac{\pi}{2}\right)$ 中有两个不同的根 α,β. 试将 a,b 用 α,β 表示,并证明:

$$\sin \alpha + \cos \alpha + \sin \beta + \cos \beta = \frac{2b(1-a)}{1+a^2}.$$

证明 由已知得

$$\begin{cases} a\tan \alpha + b\sec \alpha = 1, & (9.10) \\ a\tan \beta + b\sec \beta = 1, & (9.11) \end{cases}$$

所以

$$a(\tan \alpha \sec \beta - \tan \beta \sec \alpha) = \sec \beta - \sec \alpha,$$

$$a = \frac{(\sec \beta - \sec \alpha)\cos \alpha \cos \beta}{\sin \alpha - \sin \beta} = \frac{\cos \alpha - \cos \beta}{\sin \alpha - \sin \beta}.$$

$$b(\sec \alpha \tan \beta - \sec \beta \tan \alpha) = \tan \beta - \tan \alpha,$$

$$b = \frac{(\tan \beta - \tan \alpha)\cos \alpha \cos \beta}{\sin \beta - \sin \alpha}$$

$$= \frac{\sin \alpha \cos \beta - \sin \beta \cos \alpha}{\sin \alpha - \sin \beta} = \frac{\sin(\alpha - \beta)}{\sin \alpha - \sin \beta}.$$

因此

$$\frac{2b(1-a)}{1+a^2}$$

$$= \frac{2\sin(\alpha - \beta)(\sin \alpha - \sin \beta - \cos \alpha + \cos \beta)}{(\sin \alpha - \sin \beta)^2 + (\cos \alpha - \cos \beta)^2}$$

$$= \frac{8\sin \dfrac{\alpha - \beta}{2}\cos \dfrac{\alpha - \beta}{2}\left(\sin \dfrac{\alpha - \beta}{2}\cos \dfrac{\alpha + \beta}{2} + \sin \dfrac{\alpha + \beta}{2}\sin \dfrac{\alpha - \beta}{2}\right)}{2(1 - \cos(\alpha - \beta))}$$

$$= 2\cos \dfrac{\alpha - \beta}{2}\left(\cos \dfrac{\alpha + \beta}{2} + \sin \dfrac{\alpha + \beta}{2}\right)$$

$$= \cos \alpha + \cos \beta + \sin \alpha + \sin \beta.$$

133. 求 n 项的和: $\cos 2x \operatorname{cosec} 3x + \cos(2 \cdot 3x) \operatorname{cosec} 3^2 x$

$+ \cdots + \cos(2 \cdot 3^{n-1} x) \operatorname{cosec} 3^n x.$

解　$2\cos 2x \sin x = \sin 3x - \sin x$，所以

$$2\cos 2x \operatorname{cosec} 3x = \operatorname{cosec} x - \operatorname{cosec} 3x,$$

同理

$$2\cos(2 \cdot 3x) \operatorname{cosec} 3^2 x = \operatorname{cosec} 3x - \operatorname{cosec} 3^2 x,$$

$$\cdots,$$

$$2\cos(2 \cdot 3^{n-1} x) \operatorname{cosec} 3^n x = \operatorname{cosec} 3^{n-1} x - \operatorname{cosec} 3^n x.$$

以上 n 个式子相加得

$$\cos 2x \operatorname{cosec} 3x + \cos(2 \cdot 3x) \operatorname{cosec} 3^2 x + \cdots +$$

$$\cos(2 \cdot 3^{n-1} x) \operatorname{cosec} 3^n x$$

$$= \frac{1}{2}(\operatorname{cosec} x - \operatorname{cosec} 3^n x).$$

134. 若 $2\sin \dfrac{A}{2} = -\sqrt{1 + \sin A} + \sqrt{1 - \sin A}$，求证：$A =$

$2n\pi$ 或者 $(8n + 3)\dfrac{\pi}{2} \leqslant A \leqslant (8n + 5)\dfrac{\pi}{2}$（$n$ 为整数）.

证明　$-\sqrt{1 + \sin A} + \sqrt{1 - \sin A}$

$$= -\sqrt{\left(\sin \frac{A}{2} + \cos \frac{A}{2}\right)^2} + \sqrt{\left(\sin \frac{A}{2} - \cos \frac{A}{2}\right)^2}$$

$$= -\left|\sin \frac{A}{2} + \cos \frac{A}{2}\right| + \left|\sin \frac{A}{2} - \cos \frac{A}{2}\right|$$

$$= 2\sin \frac{A}{2}.$$

考虑等式

$$|a - b| - |a + b| = 2a. \tag{9.12}$$

若 $a = 0$，显然式(9.12)成立，以下设 $a \neq 0$.

若 $a - b \geqslant 0, a + b \leqslant 0$，则 $|a - b| - |a + b| = a - b - (-a - b) = 2a$.

若 $a - b \geqslant 0, a + b > 0$，则 $|a - b| - |a + b| = a - b - (a + b) = -2b = 2a$ 导致 $a + b = 0$，矛盾.

若 $a - b < 0, a + b \leqslant 0$，则 $|a - b| - |a + b| = b - a - (-a - b) = 2b = 2a$ 导致 $a - b = 0$，矛盾.

若 $a - b < 0, a + b > 0$，则 $|a - b| - |a + b| = b - a - (a + b) = -2a = 2a$ 导致 $a = 0$，矛盾.

因此式(9.12)成立 $\Leftrightarrow a = 0$ 或者 $a \neq 0, a - b \geqslant 0, a + b \leqslant 0$.

对于 $a = \sin\dfrac{A}{2}$，$b = \cos\dfrac{A}{2}$，得到 $\sin\dfrac{A}{2} = 0$，从而 $A = 2n\pi$

（n 为整数）或者

$$\sin\frac{A}{2} \neq 0, \quad \sin\frac{A}{2} - \cos\frac{A}{2} \geqslant 0, \quad \sin\frac{A}{2} + \cos\frac{A}{2} \leqslant 0,$$

从而 $\cos\dfrac{A}{2} \leqslant \sin\dfrac{A}{2} \leqslant -\cos\dfrac{A}{2}$，$\cos\dfrac{A}{2} < 0$，$1 \geqslant \tan\dfrac{A}{2} \geqslant -1$，故

$$(2n+1)\pi + \frac{\pi}{4} \geqslant \frac{A}{2} \geqslant (2n+1)\pi - \frac{\pi}{4},$$

$$\frac{8n+3}{2}\pi \leqslant A \leqslant \left(4n+2+\frac{1}{2}\right)\pi = \frac{8n+5}{2}\pi \quad （n \text{ 为整数}）.$$

135. 若 $\arcsin x + \arcsin y + \arcsin z = \pi$，求证：

$$x\sqrt{1-x^2} + y\sqrt{1-y^2} + z\sqrt{1-z^2} = 2xyz.$$

证明　设 $\arcsin x = \alpha$，$\arcsin y = \beta$，$\arcsin z = \gamma$，则 $\alpha + \beta + \gamma = \pi$，故

$$\sum x\sqrt{1-x^2} = \sum \sin\alpha\cos\alpha = \frac{1}{2}\sum\sin 2\alpha$$

$$= 2\sin\alpha\sin\beta\sin\gamma = 2xyz.$$

其中利用了第 58 题(2).

136.* 已知 $\dfrac{m\tan(\alpha-\theta)}{\cos^2\theta} = \dfrac{n\tan\theta}{\cos^2(\alpha-\theta)}$，其中 m，n，α 均已

知. 求证：$\theta = \dfrac{k\pi}{2} + \dfrac{1}{2}\left(\alpha - \arctan\left(\dfrac{n-m}{n+m}\tan\alpha\right)\right)$（$k$ 为整数）.

证明　由已知得

$$\frac{\sin(\alpha-\theta)\cos(\alpha-\theta)}{\sin\theta\cos\theta} = \frac{n}{m},$$

所以

$$\frac{\sin 2(\alpha-\theta)}{\sin 2\theta} = \frac{n}{m},$$

故

$$\frac{n-m}{n+m} = \frac{\sin 2(\alpha - \theta) - \sin 2\theta}{\sin 2(\alpha - \theta) + \sin 2\theta} = \frac{2\sin(\alpha - 2\theta)\cos \alpha}{2\sin \alpha \cos(\alpha - 2\theta)}$$

$$= \frac{\tan(\alpha - 2\theta)}{\tan \alpha},$$

于是

$$\tan(\alpha - 2\theta) = \frac{n-m}{n+m}\tan \alpha,$$

$$\alpha - 2\theta = -k\pi + \arctan\left(\frac{n-m}{n+m}\tan \alpha\right),$$

$$\theta = \frac{k\pi}{2} + \frac{1}{2}\left(\alpha - \arctan\left(\frac{n-m}{n+m}\tan \alpha\right)\right) \quad (k \text{ 为整数}).$$

137. 求证: $\cos\dfrac{\pi}{15}\cos\dfrac{2\pi}{15}\cos\dfrac{3\pi}{15}\cos\dfrac{4\pi}{15}\cos\dfrac{5\pi}{15}\cos\dfrac{6\pi}{15}\cos\dfrac{7\pi}{15}$

$= \left(\dfrac{1}{2}\right)^7$.

证明 因为

$$2^4 \sin\frac{\pi}{15}\cos\frac{\pi}{15}\cos\frac{2\pi}{15}\cos\frac{4\pi}{15}\cos\frac{7\pi}{15}$$

$$= 2^3 \sin\frac{2\pi}{15}\cos\frac{2\pi}{15}\cos\frac{4\pi}{15}\cos\frac{7\pi}{15}$$

$$= 2\sin\frac{8\pi}{15}\cos\frac{7\pi}{15}$$

$$= -\sin\frac{16\pi}{15},$$

所以

$$\cos\frac{\pi}{15}\cos\frac{2\pi}{15}\cos\frac{4\pi}{15}\cos\frac{7\pi}{15} = \frac{1}{2^4}, \tag{9.13}$$

$$2^2 \sin\frac{\pi}{5}\cos\frac{3\pi}{15}\cos\frac{6\pi}{15} = 2\sin\frac{2\pi}{5}\cos\frac{2\pi}{5} = \sin\frac{4\pi}{5} = \sin\frac{\pi}{5},$$

故

$$\cos\frac{3\pi}{15}\cos\frac{6\pi}{15}=\frac{1}{2^2},\qquad\qquad (9.14)$$

$$\cos\frac{\pi}{15}\cos\frac{2\pi}{15}\cos\frac{3\pi}{15}\cos\frac{4\pi}{15}\cos\frac{5\pi}{15}\cos\frac{6\pi}{15}\cos\frac{7\pi}{15}=\frac{1}{2^4}\times\frac{1}{2^2}\times\frac{1}{2}=\frac{1}{2^7}.$$

138. 若 $x^3-px^2-\gamma=0$ 的根为 $\tan\alpha,\tan\beta,\tan\gamma$，求积 $\sec^2\alpha\sec^2\beta\sec^2\gamma$（用 p,r 表示）.

解　$x^3=px^2+r,x^6=(px^2+r)^2.\ \tan^2\alpha,\tan^2\beta,\tan^2\gamma$ 是方程

$$t^3=(pt+r)^2\qquad\qquad (9.15)$$

的根，即

$$t^3-p^2t^2-2prt-r^2=(t-\tan^2\alpha)(t-\tan^2\beta)(t-\tan^2\gamma).$$

令 $t=-1$ 得

$$\begin{aligned}\sec^2\alpha\sec^2\beta\sec^2\gamma&=-(-1-\tan^2\alpha)(-1-\tan^2\beta)(-1-\tan^2\gamma)\\&=-((-1)^3-p^2+2pr-r^2)\\&=1+p^2-2pr+r^2.\end{aligned}$$

另解　得到式(9.15)以后，我们有 $\sec^2\alpha,\sec^2\beta,\sec^2\gamma$ 是方程

$$(u-1)^3=(p(u-1)+r)^2\qquad\qquad (9.16)$$

的三个根，而式(9.16)即

$$u^3+\cdots-(1+(p-r)^2)=0,\qquad\qquad (9.17)$$
$$\sec^2\alpha\sec^2\beta\sec^2\gamma=1+(p-r)^2.$$

方程中未知数的变化（令 $x^2=t$ 得到式(9.15)，令 $t=u-1$ 得到式(9.16)）、分解以及韦达定理产生上述两种解法.

139.* 证明：单位圆中正七边形的边长是方程

$$x^6-7x^4+14x^2-7=0$$

的根.给出其他根的几何意义.

证明　正七边形边长为 $a = 2\sin\frac{\pi}{7}$，$\theta = \frac{\pi}{7}$ 满足 $7\theta = \pi$，所以

$$\sin 4\theta = \sin(\pi - 3\theta) = \sin 3\theta,$$

$$4\sin\theta\cos\theta\cos 2\theta = 3\sin\theta - 4\sin^3\theta,$$

约去 $\sin\theta$ 再平方得

$$16\cos^2\theta(1 - 2\sin^2\theta)^2 = (3 - 4\sin^2\theta)^2,$$

$$(4 - a^2)(2 - a^2)^2 = (3 - a^2)^2,$$

所以 a 是

$$x^6 - 7x^4 + 14x^2 - 7 = 0 \tag{9.18}$$

的一个根．其他根为 $2\sin\frac{3\pi}{7}$，$2\sin\frac{5\pi}{7}$，$2\sin\frac{9\pi}{7}$，$2\sin\frac{11\pi}{7}$，

$2\sin\frac{13\pi}{7}$（因为 $\frac{3\pi}{7}, \frac{5\pi}{7}, \frac{9\pi}{7}, \frac{11\pi}{7}, \frac{13\pi}{7}$ 都满足 $\sin 4\theta = \sin 3\theta$）.

如果正七边形 $A_1 A_2 \cdots A_7$ 内接于单位圆，那么

$$A_1 A_2 = 2\sin\frac{\pi}{7}, \quad A_1 A_3 = 2\sin\frac{5\pi}{7}, \quad A_1 A_4 = 2\sin\frac{3\pi}{7}.$$

而 $\sin\frac{9\pi}{7} = -\sin\frac{2\pi}{7}$，$\sin\frac{11\pi}{7} = -\sin\frac{3\pi}{7}$，$\sin\frac{13\pi}{7} = -\sin\frac{\pi}{7}$.

140. 证明：

(1) $\cos^4\frac{\pi}{9} + \cos^4\frac{2\pi}{9} + \cos^4\frac{3\pi}{9} + \cos^4\frac{4\pi}{9} = \frac{19}{16}$；

(2) $\sec^4\frac{\pi}{9} + \sec^4\frac{2\pi}{9} + \sec^4\frac{3\pi}{9} + \sec^4\frac{4\pi}{9} = 1\,120$.

证明　(1) $\theta = \frac{\pi}{9}$ 满足 $9\theta = \pi$，$5\theta = \pi - 4\theta$，所以

$$\sin 5\theta = \sin 4\theta, \qquad (9.19)$$

从而

$$\sin 2\theta \cos 3\theta + \cos 2\theta \sin 3\theta = 4\sin \theta \cos \theta \cos 2\theta,$$

两边约去 $\sin \theta$ 得

$$2\cos \theta(4\cos^3 \theta - 3\cos \theta) + (2\cos^2 \theta - 1)(4\cos^2 \theta - 1)$$

$$= 4\cos \theta(2\cos^2 \theta - 1),$$

即

$$16\cos^4 \theta - 12\cos^2 \theta + 1 = 4\cos \theta(2\cos^2 \theta - 1),$$

两边平方,并令 $\cos^2 \theta = x$ 得

$$(16x^2 - 12x + 1)^2 = 16x(2x - 1)^2,$$

整理得

$$256x^4 - 448x^3 + 240x^2 - 40x + 1 = 0. \qquad (9.20)$$

$\cos^2 \dfrac{\pi}{9}$ 是式(9.20)的一个根. $\cos^2 \dfrac{3\pi}{9}$ 也是式(9.20)的根

($\theta = \dfrac{3\pi}{9}$ 适合式(9.19)). $\cos^2 \dfrac{2\pi}{9}$ 与 $\cos^2 \dfrac{4\pi}{9}$ 同样是式(9.20)的根

($\theta = \dfrac{2\pi}{9}, \dfrac{4\pi}{9}$ 适合 $\sin 5\theta = -\sin 4\theta$). 它们互不相等,所以是式

(9.20)的 4 个根 x_1, x_2, x_3, x_4.

由韦达定理

$$\cos^4 \frac{\pi}{9} + \cos^4 \frac{2\pi}{9} + \cos^4 \frac{3\pi}{9} + \cos^4 \frac{4\pi}{9}$$

$$= (x_1 + x_2 + x_3 + x_4)^2 -$$

$$2(x_1 x_2 + x_1 x_3 + x_1 x_4 + x_2 x_3 + x_2 x_4 + x_3 x_4)$$

$$= \left(\frac{448}{256}\right)^2 - 2\left(\frac{240}{256}\right) = \left(\frac{7}{4}\right)^2 - \frac{30}{16} = \frac{19}{16}.$$

(2) $\sec^2\dfrac{\pi}{9}$, $\sec^2\dfrac{2\pi}{9}$, $\sec^2\dfrac{3\pi}{9}$, $\sec^2\dfrac{4\pi}{9}$ 是方程

$$y^4 - 40y^3 + 240y^2 - 448y + 256 = 0 \qquad (9.21)$$

的 4 个根(在式(9.20)中令 $x = \dfrac{1}{y}$ 得出式(9.21)),所以

$$\sec^4\dfrac{\pi}{9} + \sec^4\dfrac{2\pi}{9} + \sec^4\dfrac{3\pi}{9} + \sec^4\dfrac{4\pi}{9} = 40^2 - 2\times240 = 1\,120.$$